吃的只是欢喜

王西平——著

SPM 南方传媒　花城出版社

中国·广州

图书在版编目（CIP）数据

吃的只是欢喜 / 王西平著. -- 广州 ： 花城出版社，
2023.1
（"文艺·家"书系）
ISBN 978-7-5360-9561-8

Ⅰ．①吃… Ⅱ．①王… Ⅲ．①饮食－文化－中国
Ⅳ．①TS971.2

中国版本图书馆CIP数据核字(2022)第105197号

出 版 人：张　懿
丛书主编：周华诚
责任编辑：蔡　安　　欧阳蒨　　李珊珊
责任校对：李珊珊
技术编辑：凌春梅
装帧设计：乐　翁
本书插画：宋栩栩

书　　名　吃的只是欢喜
　　　　　CHIDE ZHISHI HUANXI
出版发行　花城出版社
　　　　　（广州市环市东路水荫路11号）
经　　销　全国新华书店
印　　刷　佛山市迎高彩印有限公司
　　　　　（佛山市顺德区陈村镇广隆工业区兴业七路9号）
开　　本　880毫米×1230毫米　32开
印　　张　9.125　1插页
字　　数　180,000字
版　　次　2023年1月第1版　2023年1月第1次印刷
定　　价　45.00元

如发现印装质量问题，请直接与印刷厂联系调换。
购书热线：020-37604658　37602954
花城出版社网站：http://www.fcph.com.cn

目 录

第三辑　秘食论

第一辑　吃游食

沸腾的三源里菜市场

逛菜市已经成为我光临一个城市的必修课程。最主要的是好玩啊，而且还能感觉到活泼沸腾的生活。

2016年上半年的某一日，清晨，我正在京城坐地铁从公主坟赶往三源里，体验一场与菜市场有关的魔性之旅。

早就听说北京这个三源里菜市场很有国际范，我一路走一路想：国际范？是不是像巴塞罗那博盖利亚菜市场那样？菜市场哪儿都有啊，何必稀罕这里？就连农村都有一四七、二五八的集市……

三源里菜市场，你根本无法用普通与否来评价，因为它原本就是普通，你也不能说它只有普通，因为它一点也不普通。据说许多明星，或明星的用人都来这里买菜，甚至还有一些黑人、印度人，或其他花花绿绿的外国人出没于此。

乘地铁从亮马桥出站后，七拐八弯，在百度地图的引导下很顺利地找到了。传说中的三源里菜市场就藏在普普通通的社区合围的街道上，正对着新源里邮局，整条街上散发着菜市场特有的气息。而那些从社区出出进进又从菜市场进进出出的人，看上去也很普通嘛——不过谁也无法从中识别出哪些是大使馆厨房的伙夫，哪些是高颜值的星级酒店大厨，哪些又是爱烹饪的文艺青年……

三源里菜市场并不大，长也就一百多米，宽十几米，直通通一个大棚洞。走进去，却别有洞天。所有的摊点井然有序，却又色彩斑斓性感妖冶，各种蔬菜、水果、海鲜、干货、熟食、副食调料、粮油、面食、茶叶以及日杂等，让人眼花缭乱，是名副其实的"全鲜奇优"，品种极其国际化。

刚一进市场门便是鲜果区，杨桃、红心火龙果、百香果、柠檬、橙子、石榴、金橘、木瓜、菠萝蜜、牛油果、覆盆子、砂糖橘、大红提、青提、黑提、小香蕉、双流草莓、蓝莓、大柚子、红心柚、葡萄柚、芦柑、番荔枝、杧果，还有个大水多香甜的美国香橙，酸甜多汁的泰国红毛丹，香甜浓郁的新西兰金瓤猕猴桃，酸中透甜的智利青蛇果，酸甜适口的突尼斯石榴，以及大名鼎鼎的马来西亚"猫山王"榴梿等外国奇异果品。若不是有标签，放眼全国，恐怕认全认准的人也没几个。

瞧4号水果摊主将"猫山王"的牌子挂得高高的，就知道他有多骄傲。大马人不像泰国人，非常遵循"瓜熟蒂落"的自然规律，他们从来不会爬上树将未成熟的"猫山王"摘下来，而是静等自然熟落。自然熟的"猫山王"存放时间非常短暂，当地人通常是在榴梿园里即捡即吃。通过快速空运，幸运的新加坡人也能吃到。但是在中国很难见到新鲜的"猫山王"。如此说来，在三源里能看到马来西亚顶级带壳的"猫山王"榴梿，实属不易。我着实惊出了一身的汗。

这里的牛羊肉摊点都拥有一个由北京民委发放的清真牌匾，肉源大多来自天津。从牛腩、牛上脑、牛腿肉、牛里脊、牛腱子、牛尾，到羊后腿、羊前腿、羊蝎子、羊蹄、羊杂以及羊排、西餐羊排等，几乎全是分割出售。也许有人会问分割西餐羊排是怎么回事。不懂了吧，这就是三源里的专业特性与国际特色。要知道，通常的羊排，中国家庭大多炖着吃，而西式烹制，多以煎吃为主，在选材上也格外注重。懂行的厨子会去专卖西餐食品的地方采购，不懂行的眉毛胡子一把抓，总觉得是羊排就行了。事实上正宗法式西餐用的羊排只取羊肋巴骨上的一小部分肉，肉质鲜嫩，而且膻味小。

走到禽类肉区，什么美国火鸡、柴乌鸡、南方番鸡、广东清远鸡、散养土鸡、柴公鸡、黄油鸡等，也一律分割出售。从鸡头、鸡脖子、鸡胸肉、翅中、翅根、翅尖、鸡翅到鸡爪子、鸡大腿、琵琶腿、鸡心、鸡嗉子……将一只完整的鸡很精明地拆解。这样一来，某些部位的价格就可以飙得很高。北京人真会做生意。只是分割肉这门技艺，并不是现代北京人的创意，他们的先祖周口店人早在50万年以前就已经用石片分割兽肉了。

水产区，鱼虾蟹当然是当仁不让的主角。章鱼、鱿鱼、墨鱼、针鱼、甲鱼、鳜鱼、加吉鱼、金枪鱼、三文鱼、海鲈鱼、青花鱼、红鱼、石斑鱼、大小鲅鱼，青蟹、面包蟹、美国雪蟹、阿拉斯加帝王蟹、生蚝、石斑、多宝、青衣，以及各种蛤各种贝，当然还有澳大利亚龙虾、西班牙红虾、北极甜虾，等等。对于海鲜我可不在行，平日里吃得也不多，再加上这些年动不动曝出"天价虾""天价蟹"，便愈加觉得水货这玩意儿越来越深不可测，也正因如此，越来越多的像我这样的水产盲才不断被人蒙蔽。

要说蔬菜，全国菜市场品种大同小异，最常见也最经典的便是土豆、萝卜、白菜、大葱之类的，如果你觉得三源里穷酸到只有这些土菜的话，那就太小觑它的规格了。品种繁多的鲜香料，是这里最大的特色。我长期生活在西部，除了小时候在农村见过长在地里的香草，到了城市却很难见到新鲜的香草了，即使是迷迭香、百里香之类的，也只有麦德龙这样的大型超市才有。像车窝草、牛至、香兰叶、防风、根芹、茴香头、苏子叶等闻所未闻的草本，不要说是普通老百姓，恐怕连菜贩子也是知其然不知其所以然。

第一次近距离地观赏到做青酱、拌沙拉用的九层塔，让人不由联想起电影《九层妖塔》来，这种充斥着巫气的香料，却有一种反自然的神奇的种植方式，古人说将羊角、马蹄烧成灰撒在湿地上，来年就可以生出一大片芳香甜辣的九层塔来。再比如芝麻菜，有人说凉拌超好吃，西餐厅常用来做蔬菜沙拉或冷盘的点缀，但也不是什么大众菜。像紫苏、法香、荠菜、薄荷叶、球茎茴香、云南的小青柠檬和香茅草等这些小众品种，在平民的餐桌上也很少见到。说到香茅，这种傣族人特有的香料，2014年我在云南丽江见识过，要是去了西双版纳，满大街的香茅草烤鱼，其鲜香可口的气息会缠住你前进的步伐。香茅作为吉祥草，在印度很常见，要么用来编草鞋，要么用来制作修行的坐垫，有了这样的坐垫，种种障碍不生、一切毒虫都不会靠近。

好了，如果你此时此刻置身于这个毫不起眼的大棚里，一切看上去是那么波澜不惊，兴许你会失望，你会骂骂咧咧。然而，三源里菜市场毕竟是坐落在国家首都却又被众多吃货推崇的典范，这里每天发生的，哪怕是轻微的"风吹草动"，都有可能被那些吃货、摄友、文青快速地捕捉到，并散播到网上，掀起一轮又一轮的沫子革命，继而成为一种"引领"消费的时尚。据说全国去皮售卖荸荠、豌豆、栗子的风潮，就是从这里开始流行的（是不是这样，无从考证）。在蔬菜区，我发现有一个摊主正热火朝天地打包新鲜的蔬菜，每一个快递单上均注明"新鲜蔬菜，请及时送货"字样，再看地址，大多是寄往北京市区的，也有天津等地的。我走上前去，询问可否往大西北快递，对方问哪里，我说银川，他说宁夏啊，不送不送，然后瞪了我一眼转身忙去了。我心里不爽。不管怎么说，快递新鲜蔬菜到居民灶台上，是一件好事，是不是会成为下一轮风靡全国的潮流呢？还真不好说。

国内的调料，大多通过菜市场的摊点售卖，印象中主要以花椒、大料为主，其他花样虽多，但不是所有人都懂得每一种调料的用法。所以，河南驻马店的人发明了"十三香"，在我看来，这是一种专供懒人厨家使用的复合调料：煮肉也好，炒菜也好，炖汤也罢，不论烹制什么，一些人根本不用动脑子，统统往锅里撒，活脱脱的"中国特色"。反正我是不习惯，那股味儿怪怪的。

在三源里菜市场，正是因为每一位调料摊主对其产品的精心呵护、展示，从而大大地修饰、提升了该市场的国际品质。这里是烘焙西式餐者的天堂，有许多西餐调料和奶酪，不论是新西兰车达奶酪、法国大孔、马斯卡朋、马苏里拉、帕马森奶酪、蓝奶酪，还是红波、蓝纹、芝士粉、酸奶油、鲜奶油、有盐的无盐的黄油等，都得到了应有的尊重。还有鱼子酱、香草精，烘焙及食用巧克力、纽扣巧克力、巧克力豆、巧克力酱，杏仁粉、柠檬汁、枫糖浆、黄砂糖，以及味噌、味啉、七味粉、木鱼花，韩国辣酱辣椒粉、韩式年糕、小干鱼泡菜牛肉粉、荞麦面条等。

在几家西式调料店旁边，有一个进口酒铺子，有好几次我想冲进去瞄瞄，都因摊主低头捣鼓电脑不理人而休矣，不过从外面看，摊点摆设的花样不少，百利甜、百加得、格兰威、苏格兰、威雀，以及有动物暗示的牧羊犬、猪神酒、船犬酒等。摊主在门口立了个促销的牌子，上面写着："啤酒特价，清爽一夏。Hoeg aarden（也就是我们说的福佳），8元，还有下面这个！（我虽然知道名字，但宝宝不说）8元，→"箭头指向牌子下面的黄色易拉罐，宝丁顿啤酒。瞧这词儿写得也是醉人，摊家至少是个80后吧。

其实大多数摊位贴价签，立牌子，都是中英文对照呢，甚至一旦有老外来采购，还有几家老板用英文很麻溜地打招呼，真是让人佩服得不行。

中式的调料店那就更丰富了，什么广西的葛根葛粉，贵州的木姜子油，绍兴的花雕黄酒，山西镇江老陈醋，还有各种红的绿的黄的黑的紫的白的橙的，不详细说了。我只想说一句：与西餐不同的是，我们讲究药食同源，因此在中国，如果店铺门牌上不标"红十字"的话，恐怕很多人连调料店与中药店都傻傻分不清。

126号摊位主打生态农场，名曰"春泥香"。不大的铺子，墙上挂满了各种各样的招贴，有"心厨房，春泥香"的logo标识，有商品价签牌子，还有一张白纸上写着"没农药，没化肥，没激素，自己家种的菜"，另外一张牛皮纸上写有"ORGANIC VEGETABLES！"的英文，意思是"有机蔬菜"，不过店主并没有将中文标出来，显然只是给老外看的。

最抢眼的是玻璃墙面居中的一张彩色海报，主题是"从农场到邻居——官舍农夫跳蚤集市"，上面有二维码，我立刻扫了扫，手机上出现集市的功能说明："从农场到邻居是一个支持本地小农与手工美食作坊的农夫市集，每周六、周日在亮马桥官舍地下一层举办，希望让更多人了解自己所吃的食物从何而来，鼓励消费者与生产者之间建立互相信任、透明良好关系。"说实在的，我非常喜欢这个跳蚤集市的质朴感，这里除了诸如"春泥香"生态农场提供的新鲜有机蔬菜外，还可以购到土蜂蜜，纯绿色的肉蛋类，手工奶酪，藏式酸奶，天然酵母面包，传统米酒，以及石磨豆腐等各种天然美食。

通过微信平台，我查阅了一段文字，大概意思是，官舍农夫倡导呵护每一片菜叶上的虫子，因为这些虫们正经历着"化蝶"的蜕变，"不能因为它吃了一片菜叶就要了它们的性命"……好有爱心啊，我顿时对这个充满正能量的集市组织有了好感。于是与"春泥香"的店员多聊了几句。

原来"春泥香"是一家位于北京延庆区广积屯村的家庭式小农场。农场主名叫吴璐銮，名字不好读，人们干脆称她吴姐。此人曾经患过严重的抑郁症和糖尿病，打理这个小农场，据说是为了"自救"。不得不说，她的血泪史讲得好，没有任何添加、包装与修饰，保持了原汁原味，靠口碑传播，再加上吴姐的蔬菜品种丰富，受到众多外国友人的青睐，赢得了不少忠实的粉丝。

"春泥香"的旁边是一个卖豆腐的铺子——姚记双青豆豆制

品。老板名叫姚计峰，一个磨了20多年豆腐的老豆腐人，就是这个人，将自己的"姚记"品牌，从老家山西五台一路推广到北京城里，实属不易。尤其他家古法秘制的酸浆豆腐、豆腐丸子，传承了上千年的老工艺，鲜嫩醇香，堪称一绝，深受怀旧一族的喜爱。不过我担心的是，酸浆豆腐工艺复杂，产量低，价格相对高一些，在京城能否挺得住，就看姚记的耐力了。

不管怎么说，三源里菜市场并非完美到无懈可击的地步，想想，不就是一个菜市场么，如果你不喜欢它的雅，就拥抱它的俗吧，如果你不喜欢它的俗，就从中找寻属于自己的那份洁净吧。如果雅俗都不喜欢，那你就是仙儿，安静地飘过吧。

去汪伦故里吃什么

"桃花潭水深千尺，不及汪伦送我情。"

李白的这句诗从小耳濡目染，虽没有亲临桃花潭，却对那个太平湖畔青弋江岸的神秘古镇充满了向往。

2015年10月中旬，应朋友邀请，我去安徽泾县参加一个诗会。活动就在桃花潭镇桃花潭畔景区举行。

作为一个吃货，一下高铁就直奔吃而来，全然不顾诗事。我就是想亲眼看看汪伦笔下"这里有十里桃花，有万家酒楼"的千古盛景。

可惜来不逢时，十里桃花已化烟云，万家酒楼，也绝尘而去。

不过桃花潭依然是人间仙境，湖水碧绿，群山环绕，鱼肥鸟跃，如梦如幻。住在湖畔的别墅里，推窗即景，青弋江水流经，两岸古村人家。

此情此景，让人不由对隐匿于山水的风物美味垂涎欲滴。

桃花潭所有菜品以泾县当地的特色菜为主，从徽帮菜的体系来讲，这里当属皖南风味，大多就地取材，山珍野味不一而足，样样以"鲜"夺人，承袭了古徽州菜的主流与渊源。

从食材来源讲，桃花潭菜品多半来自景区创意农业园，或远远近近的水畔山边。凡是来的客人，都免不了要尝尝这里的特色菜，比如烂咸菜蒸豆腐、绩溪炒粉丝、茂林糊、水阳三宝、琴鱼蒸蛋、臭鳜鱼。还有韭菜炒锅巴皮、泾川焖面、石锅炒饭等。地软炒韭菜，这是一道北方人也常吃的平淡美味。野生河虾，清水煮就是对它最大的尊重。除此之外，腌萝卜、辣椒酱等，都是就地取材的美味。

提到肉味鲜美的鳜鱼，江浙太湖边上的人可都是吃家，据说那里的厨师能将鳜鱼做出五十多道鱼肴。江南人吃鳜鱼好神奇，而且颇有情调，唐代诗人张志和大隐于太湖和其支流苕溪之间，烟波独钓，顿顿不离鳜味。"西塞山前白鹭飞，桃花流水鳜鱼肥"，一诗千古道食事，花鱼组合，使"桃花盛开吃鳜鱼"之说由此蔓延。暖风吹，春来到，到底是西塞山好，桃花养肥了苕溪人的鳜鱼，就像黄山桃花鳜，此鳜就是因喜食桃花而肥美著称。

在苕溪一带，百姓非常尊崇鳜鱼，宴席上若有清蒸或红烧鳜鱼，那便是一件提振信心的大事。虽说太湖人专于鳜宴，但相比之下，同为红烧，江南鳜咸中有甜，肥而不腻。而皖南桃花鳜则芡大、油重、色浓、鲜嫩微辣，朴素入骨，典型的徽菜风味。临水吃水，靠山吃山，有水有山，山水共吃，若是桃花潭的鳜鱼和山笋一同烧制，山水必鸣，和合馨香。

桃花潭的琴鱼蒸蛋是必吃的特色，食材主要选用当地农家土鸡蛋和琴鱼干。做法不是那么复杂。先上笼蒸蛋液，然后取出放上琴鱼干和作料后，再次上笼小火蒸制，吃起来醇香、甜鲜、适口。如果说鳜鱼逐河而居，寻花即肥，那么琴鱼对环境的选择没那么率

野生河虾，清水煮就是对它最大的尊重。

性，只有泾县境内才有。这种鱼在水中跳动时姿态优雅，可与世间琴王媲美，堪称鱼中伯牙。

桃花潭镇上琴鱼干有卖。到达这里的第二日，我一大早起床上街观景，见一位老伯在自家摊位前打理琴鱼干。鱼干晒在竹制筐篓里，有一部分即将晒制成功，一部分血水隐现，还可以看到撒在上面的盐、糖、桂皮、茶叶、香料等，应该是不久前腌制烹煮后晾上来的。不远处，有两个大木桶，里面有刚打捞上来的鲜鱼，这种鱼看上去细长，短小，长约5厘米，应该是琴鱼了。老伯的铺子门牌上有琴鱼茶的字样，引起了我的兴趣。以前听说过黎族苗族人有鱼茶，事实上跟红茶绿茶毫无关系，而琴鱼茶则不同，不仅有淡淡的茶味，还可以像真正的茶那样冲泡，茶汤鲜香甘醇，品一口回味无穷。怪不得琴鱼茶成为陆游冬夜里的最爱，"一掬琴高鱼，聊用荐夜茶"。而欧阳修在《和梅公议琴鱼》一诗中感叹道："琴高一去不复见，神仙虽有亦何为。溪鳞佳味自可爱，何必虚名务好奇。"寥寥几笔，将琴鱼写得出神入化。

老徽人擅长鱼头做汤，鱼身红烧。在桃花潭，还有一款鱼肴值得品鉴，那就是太平湖鱼头汤。由于这里的水质好，无污染，鱼头加作料煲制，其味肥嫩细腻，尤其汤里的豆腐里嫩外Q，软韧有度……在吃啥补啥观念的影响下，"吃鱼头补人头"成为众多吃货追捧的理由，不仅皖南，全国各地均有吃鱼头风气。比如天目湖鱼头，用砂锅炖煮成为一大特色，几年前我随江苏作协一个采风团，在天目湖宾馆品尝过野生灰鲢鱼头，肉质醇香，汤汁浓郁。天目湖鱼头这几年名头着实大，不过外地人吃到嘴里的基本上算不得正宗，据说大多是从周边农户池塘收来后，又放进天目湖里待上一段时间，算是镀上一层正统的荣光吧，去去土腥味而已！这就好比宁夏的滩羊，或枸杞，总有外来品种贴牌。相比之下，宁夏是个杂食区，沙湖大鱼头吃法也多，红烧、清蒸、清炖或剁椒，不过这些年来，沙湖大鱼头因"天价"事件，名誉折损不少。

最后，我想说，来到美丽的桃花潭，一定要去河西岸的万村隋唐古民居老街走走，到处弥漫着老徽人的味道，尤其在雾气最浓的时候，空气中满是油条、麻球、糍粑、鸭血粉丝、豆浆的风味，甚至连一砖一瓦里都散发着黏稠的饮食五谷之气。

正宗老法烧湖羊

2016年冬，独自去沪杭一带行诗事，说是诗事，其实就是游游玩玩，吃吃喝喝。

自从标榜吃货以来，走到哪儿恨不得全身的毛孔曤曤曤地张开，贪婪而又无厌地吸纳当地香艳灿然的美食风物。然而到了"水晶宫阙"之称的湖州，那一个山水清秀、河港交叉之地，才体会到什么才是真正的鱼米之乡。

官方的诗事毕竟有拘束，诗人好酒喝不开，心里不爽。会议完毕当晚，诗人小雅行地主之谊，邀我参与他们的自由宴会。

湖州的冬夜，星雨滴滴缠绵，雾霾似与野烟交织，初来陌境，坐在出租车上南北东西浑然不知，恍惚被拉到了一个小店门口。抬头看，一个通俗的红色门匾上，"龙强老法菜"几个字眼格外刺眼。快速扫描了一下周边环境，应该比较偏僻，不过看人气，生意不错。

什么是老法菜？第一个念头闪过。法式菜？老式的法国菜？不对，我暗自嘲笑自己。此老法，应该是古法。

据当地朋友讲，老法菜其实就是湖州老底子地方菜，虽然现在很多餐厅都打起了传统菜的招牌，但是最原始的湖州味道已经丧失了许多，相比之下，这家"龙强"小店比较正宗。

七拐八弯，进了餐厅，包间落座，定睛一看，坐了一圈诗人，有熟悉的，也有叫不上名字的，上座是杭州老诗人嵇亦工，我旁边是两个当地的80后诗人。

很快，菜就上来了。半汤花鲢、老法虾仁、珍珠汤圆、灼虾球、臭千张、莴笋山药、烂糊鳝鱼、核桃鱼卷、红烧湖羊，还有一道细沙羊尾，一道什么鱼肚。

举箸浅尝，整体来讲，汁浓、味鲜，口感比上海略重些，微咸。不过作为西北人，还是比较合口味，用朋友的说法，"保留了老祖宗的味道"，哦，原来这就是湖州老祖宗的味道啊，味道果然不是盖的，吃这样的美餐，倍儿有面子。

菜上齐了，酌上几口小酒，诗人们话题多了。嵇老诗人见我是宁夏人，先是竖起大拇指夸宁夏羊肉好吃，然后乱讲一通，对湖羊赞不绝口。他说这湖羊以钱塘江为界，南北风味大不相同，江南人喜红烧，偏咸；过了江，永远是颠破不灭的白切，苏州甜，无锡也甜，以致影响了南京人的口味。

说湖羊有名，宁夏人也许不服气，但一提到大名鼎鼎的湖笔，大家恍然大悟，原来湖笔就是用湖羊身上的毛做成的。名羊身上出名笔，肉质能差吗？

湖羊其实也是北方羊种。据资料记载，公元10世纪初，黄河流域的人们南迁时，将原产于冀、鲁、豫地区的小尾寒羊携至江南。与广袤的北方不同，这里可是太湖水域，土壤肥腴，山水有情，草木皆盛，羊儿在这种洞天福地长大，其肉焉能不腴润甘鲜？

这些年来，作为一个肉食控，我品尝过各地羊肉，新疆南疆的小黑羊，内蒙古棋盘井戈壁腹地的大锅沙葱手指羊，莆田的温汤羊肉，"天下第一曲水"莫尔格勒河畔的炉烤带皮全羊，等等。然而当夹起湖州土法红烧的湖羊肉时，香甜酥鲜，那一刻，味蕾直抵心脏，江南冬日里的大滋补，原来就在丝绸之府。

诗人们酒食下肚，兴趣正酣，便喊来老板娘介绍菜品，说起这红烧羊肉，这位湖州人满腔的自豪：新鲜的羊肉清洗过后，冷水下锅，煮开后再换小火，打掉血沫。调料的选用因人因时增减，一般蒜切块，姜拍碎，葱打结，再加香叶、大料、桂皮和花椒等熬煮。红烧主要靠生抽、冰糖，再配上香料、料酒以及鸡精盐料等，焖煮两个小时左右至羊肉完全酥烂入味。总之，红烧湖羊的烹饪手法极为讲究，不像宁夏羊肉，一把盐撒进去，就百味俱全了。

自豪归自豪，现在的店家，即使百般传承，也做不出湖州老味来。传统的湖羊都是用桑树枝烧的，本地有句话叫"桑蒲头烧羊肉，打巴掌不放"，可见桑柴烧出来的羊肉多香了。老湖州人烧羊肉据说放在大石槽里烧制，那真是牛！我曾经在中华第一吃家唐鲁孙的文字中读到过对这种烹饪手法的描述，大意是：百年以前，湖州人煮羊肉不用金属釜鼎，而是特制的一种平底长方形的石槽，把宰好的羊分成两片，放在石槽子里，再下入各家秘不传人的配料，然后点燃木柴，在石槽底下烧煮，那味道，远远甩过那些冠以"老法"的羊肉几条街。

当地人讲，想吃到正宗的柴火湖羊，一定得到湖州的练市、双林小镇，一到冬天，满街那个飘香啊。如此想来，那练市就相当于宁夏的黄渠桥吧，"到练市吃羊肉去"这句话在湖州，与"到黄渠桥吃羊肉去"在银川，有同等得劲的精神。

　　本来想着这细沙羊尾也是用湖羊做的，没想到老板娘一讲解，真是大跌眼镜，竟然跟羊没一毛钱关系，是一道当地人传承久远的甜点。来到江南不吃烂糊鳝丝，就等于白来了，"重油蒜棘，柔软鲜嫩"，名不虚传。所谓老法虾仁，是湖州人为了吃虾的鲜味，通常将活河虾捉来现挤虾仁，生煸成肴，这种做法谁也说不出沿袭了多少年。总之，那就是外婆的味道。除此之外，还有幸尝到了旧时湖州传统"虾味宴"热炒八道之一的灼虾球，那风味绝对的柔情似水。我对半汤花鲢的菜名不解，对方称，做这道菜时除了所需要的太湖花鲢鱼，同时调配用的奶汤萝卜丝参半，故名半汤。至于其他菜，就不一一赘述了。

　　如果给湖州的菜点赞的话，我当然赞给与北方小尾寒羊一脉相承的湖羊，如果要选一样湖州特产带给宁夏最至亲的朋友，那么我仍旧选湖羊。

去南堂馆

由于工作原因，2015年3月某一日我去了趟成都。

川渝大地，食不绝口啊，一下飞机，嗅着巴蜀之都盆地特有的温和之气，口水便不由自主地流下来了，心想，这下可尝尝正宗的川菜了。

遥想当年西汉公务员扬雄同学，写了一篇《蜀都赋》，内容主要以歌颂家乡为主，写了许多山山水水，花花草草，以及飞的、走的、游的，商贾名流等。其中有几句写美食的句子，比如："调夫五味，甘甜之和，芍药之羹，江东鲐鲍，陇西牛羊，籴米肥猪……""形不及劳，五肉七菜，朦胧腥臊，可以练神、养血腄者，莫不毕陈……"由此可见，川菜在那个年代里已经盛行，而且已经有了"五味调夫"的精神。

虽说扬雄长于辞赋，但是个口吃的人。有意思的是，过了六百年，又有一个口吃的山东大文学家名叫左思，在扬雄的影响下，有一年神游到蜀都，被巴蜀的物产、山川、风俗所吸引，又被当时四川豪门的宴饮生活所惊呆，于是就大笔一挥，也写了一篇《蜀都赋》。别瞧这左思文辞壮丽，据说是个相貌很丑的人，可能自卑吧，性格木讷，不擅交际，在生活中是个三棒打不出屁的人，可人家成了川菜史上的鼻祖式人物。左思也写到了川菜盛景："吉日良辰，置酒高堂，以御嘉宾。金罍中坐，肴烟四陈。觞以清醥，鲜以紫鳞。"瞧瞧，过了六百年的川菜，与扬雄时代相比，排场越来越大了。

话说回来，这次本人神游于川地，是否也应该即兴一篇《蜀都赋》，也由此印证自己也是个"貌丑口讷，不好交游但辞藻壮丽"之人？但是在杨左二位大才子面前，想想就心怯，罢了。还是花时间品品正宗川味吧。

住进宾馆后，就接到了当地诗人韩俊的邀请，他说晚上请我去南堂馆吃饭。

没想到离得不远，我们步行十余分钟就到了。

能在南堂馆吃饭，足见韩诗人地主情谊之深。据说南堂馆在二十世纪三四十年代，因装修豪华、餐具精致、菜品档次较高，在川菜历史中很有影响，去那里吃饭已经成为一种身份的象征，成为官贾绅粮大户人家摆阔炫富的场所。

不过如今日月变了，南堂馆也不再那么高大上了，与四川特有的"四六分饭馆"无异，平头百姓都可以自由出入。

那天，我们一起用餐的还有韩诗人妹妹与妹夫，上的菜我记得大概有牛奶芋儿、粉丝捞菌子、黑椒格格肉、芥末春卷等，也就三五个，但非常精致，盛菜的器具也相当别致。

韩俊一再强调，担心我是西北人，吃不惯正宗的川菜，所以没敢点特别辣的菜。我心里感激不尽，再次为"韩地主"的悉心照拂而备受鼓舞。

席间，他们试探性地让我吃吃芥末春卷。这道菜看上去有点像日本人寿司的做法：薄面皮裹红白萝卜丝、香菜等，四川人"五味调夫"的精神自然是有，最大的特色是要加上芥末和甜醋。一听到芥末，我就有点小兴奋，于是就用筷子夹了一块，一口下去，先是酥脆的皮，鲜嫩的馅，随后就有一股强烈的辛椒辣味从鼻腔直冲后脑门，好在我很享受这种"好辛香、尚滋味"的感觉。随后我又品尝了其他几个口感相对温和的菜，一点儿也没有找到来川地吃川味的感受，心里微微地有点"气馁"。

见我在美食面前不卑不亢，韩俊说，早知你这么能吃辣，我们就点一些让"你不见棺材不落泪"的菜。我听完，开心地笑了，连连说："我喜欢吃'棺材菜'，下次下次。"

据说南堂馆由于传承的原因，对食材的选择极为苛刻，包括米、油、水之类的，也都仔细挑选。至于有人说他们从台湾地区往来运米，用依云的水煲汤，我不完全相信，因为我实在想象不出，死贵死贵的依云之水煲出来的汤，会是什么滋味呢？

神仙草和跳跳鱼

"丽郡从来喜植树，山城无处不飞花。"当北方柳芽新吐时，处于南国的福州已经是春意盎然。2016年3月的福州，春冬交替，冷空气比较多，加上西南暖湿气流充沛，阴雨交加，虽说"阳春三月"在南方遭遇了"寒流"，但对于一个行走八闽大地的饕客来说，心里却暖融融的。

来到福州的第二天，本着吃货的不二精神，一大早直奔酒店附近的农贸市场，借以快速融入这个城市私有和共有的记忆中去。

我沿着素有"小秦淮河"之称的安泰河行走，然后又东拐西弯撞到了鼓楼区的铜盘路。到了铜盘路，特意留意了一下铜盘河，树影斑驳，流水潺潺，充满了神秘的韵律感。早些年，就听说有人从这条河里捞出了一条四眼八鳍的怪鱼，人们为此兴奋不已，不过专家却说这是一条琵琶鼠鱼，即"清道夫"。

少见多怪。

我们不禁要问，琵琶鼠鱼能吃吗？当然能吃，据说琵琶鼠鱼在它的故乡拉丁美洲能长很大，原本是当地可以食用的鱼类。然而在中国，琵琶鼠鱼摇身一变成了鱼界的"翻斗车"，成天翻沙子，或者成为垃圾清运能手，经常吸附在水族箱壁或水草上，舔食青苔，以及吞食水中的各种垃圾。在鱼界，琵琶鼠鱼是十足的变形金刚。

900多年来，福州这座古老的都城愈加呈现出"绿荫满城，暑不张盖"的景象。除了大大小小的榕树，在铜盘路一带还有漂亮的大棵香樟树，这些樟树树形优美，高度几乎都在5米以上，胸径都在20厘米左右，同时马路两边还套种有垂柳、大花紫薇、紫薇、石榴树等，好在我来的正是艳丽的花期，让人不由心里感叹，不枉此行啊。

当然了，作为一个吃货，花花草草木木不足以满足我宴飨八闽的欲望。

沿着铜盘路走——鬼才知道是朝哪个方向，总之快到左海公园时，看到了"铜盘路市场"几个大字。作为一个过客，本想观摩一下榕城拎桶一族是如何拎着花花绿绿的水桶出入于海鲜市场的，可惜未能如愿，因为这里看上去跟中国任何一个角落的市场没什么区别。

然而迈进市场的第一步，我便强烈地意识到这绝对是一个"海鲜控"的天堂。越往里走，越难以抽身，摊贩们释放出难以想象的热情，他们将巨大的龙虾抓起来在你眼前掂量着，滴答着海水，用福州话热情地说，大哥过来看看吧，刚刚从海里捞上来的，超新鲜，快来一只吧……他们说话的时候，好像就站在微澜的海水里。我连连摆手，从他们包围的丛林里挣脱而出，做出一副很在行、很挑剔、很不屑的样子。事实上我真实的想法是：这么大的家伙，张牙舞爪的，你白送给我，我也无法带走。

铜盘路市场里各种海鲜应有尽有，花花绿绿，坦率地讲，除了龙虾、鲍鱼以及大鱼、小虾、河蟹等，我认识的并不多，多数叫不出名字。不过要论规模，铜盘路市场还是"小儿科"，据说全福建真正的海鲜市场在马尾，那里是国内最大的海产品交易场所，建议那些贪图便宜的人们，来福州马尾必去。可惜我没有工夫……

俗话说，七溜八溜莫离福州。接下来的几天里，我在福州品尝到了不少美食，其中有几样印象最为深刻。

其一，金线莲炖土鸡。

中国向来推崇药食同源，以土鸡为主体的前缀式食谱多不胜数，比如山药炖土鸡、枸杞炖土鸡、红枣炖土鸡等，吃过类似不少的，却没有一种像金线莲炖土鸡那样让人吃得晕乎神乎。金线莲，多少有点常识的人都知道，中药材，福建人的神草，不论入药还是入食，福建人将这种草的"四性"与"五味"已经发掘到了极致。

在福州，一位当地企业家朋友邀请品鉴美食，席间他重点推荐了金线莲炖土鸡，说这道菜中的土鸡选用的是武夷山下野外放养的。这种鸡吃青草，捕昆虫，练就了一副头小、脚细、身体紧凑、骨细皮薄的好身板，它是中国鸡界的截拳之魂，是食材界的格斗英雄。

福州人非常懂得如何将鲜货即时即刻地运用到美食烹饪当中，"有鲜品为什么要用加工品"是当地厨子的理念，虽说有点轴吧，但也有理，图省事。他们每天从市场上将新鲜的金线莲采购来，清洗之后，叶子连同茎秆一并炖入锅中——即便经过了数小时的炖煮，金线莲叶红绿相间的鳞斑依然清晰可辨，似乎还闪耀着明快的晨光，简直漂亮得令人不忍下箸。

真正的美味，永远是一种食材与另一种食材的完美融合。当中国鸡界"截拳英雄"与华夏"百药之王"凛然相逢，药之"四性"与食之"五味"齐齐迸发，"英雄"坐镇瓦钵，以扎实富弹性之皮肉全盘吸附，让每一个食客吃之感受鲜咸多汁好滋味，天地顿时神清气朗。

在福建民间，金线莲之神远远不止这些。

据说缺阴补阴缺阳补阳，能治百病，是人见人爱的阴阳草。不用说人，连鸟儿见了都必吃之，尤其鹧鸪最善于寻找金线莲吃。从自然生态链的角度讲，这都能理解。但是原本一介药草，打上佛学信仰的旗帜，总觉得有点玄乎，信者有不信者无吧。据说在福建漳州南靖县的某金线莲培育企业的培养室里，每一个瓶子上都贴有一张小纸条，纸条上面有"嗡"或"阿"或"吽"中的任何一个字。当瓶子分离的时候，三个字也是分离的，瓶子放进培养室的四个月时间里，这三个字就构成了不可分割的整体。想想，一百万存量，每年周转三次，一年会有一百万张"嗡"、一百万张"阿"、一百万张"吽"的小纸条。如果你不是佛信徒，很难理解这其中的奥妙。据说有些瓶子里的金线莲被慈悲的嘎玛仁波切上师念经加持过，上师说，念过了药师佛和长寿佛心咒的金线莲，健康又长寿。甚至这里的金线莲在婴儿时期就开始听着《六字弥陀圣号》《大悲咒》《金刚经唱诵》《般若波罗蜜多心经》《一声佛号一声心》《八圣吉祥颂》等系列佛曲长大，据说沐浴过佛乐的金线莲连害虫也减少了……

再说说福州品到的另一道菜。

2016年3月的某一日，海峡书局出版社的陈大姐请我们吃地道的福州菜。地点就位于福州五一北路的邀月阁私房菜馆。既然是私房菜，装修的确很有意境。

是日，三五道菜，但样样很精道。印象最深刻的就是那道清炖跳跳鱼。

曾经看过《舌尖2》上关于这道菜的介绍，那时候觉得闽宁两地相隔千山万水，看这样的节目无疑画饼充饥，没想突然就出现在了眼前，着实让人一惊。细心善良的陈大姐一再强调，这里选用的跳跳鱼都是纯野生的，非常难得，"你要知道，现在野生的越来越少，市场最多也是人工饲养。"

陈大姐这么一讲，我脑海里顿时浮现出跳跳鱼"动物世界"里的一幕：这些古老两栖动物的活化石，似鱼非鱼的家伙，虎头鱼身的"水中人参"，每天涨潮时就钻进泥洞，退潮时出来活动，它们一个个趴在滩涂上，在阳光的直射下，我们清晰地看到那一双双幽梦般的眼睛，就连翅膀也泛起童话般的金黄色。即使《舌尖2》上那个超爸用特技抓捕跳跳鱼一抓一个准，可是任何一个赤手空拳的人，别想接近它。据说跳跳鱼在泥中的感应范围在五米以上，只要偷偷靠近，双足移动带来的震动信号会被它早早发现，哪怕你是铁掌海上飞，独脚河上漂，八步赶蟾，凌波微步，踏雪无痕也无济于事，你想追到它，除非张无忌再世，打通任督二脉……可以说，跳跳鱼的智慧显然已远远高于其他鱼类……

不过智慧再高，也高不过干掉它的人类。

跳跳鱼的烹制手法很多，清炖最为常见。虽为清炖，但在烹制过程中却有一个跨不过绕不离的工序，那就是煎。这是闽食的独到之处。也就是说，我们通常看到的任何一道清炖系美味，很少夹杂煎制手法，比如说清炖羊肉、清炖土鸡等，也从未见有人先煎后炖。

跳跳鱼则例外——将清洗腌制过的鱼放入油锅，两面略煎，注意，是略煎，轻挂薄壳，然后放葱姜蒜料酒以及清水慢炖，几分钟后，软嫩可口的清炖跳跳鱼就可上桌了。

据说为了吃跳跳鱼，平底锅是每一个八闽人家中必备的，这种家常风味常年在民间沉积、发酵，并最终成为福建人饮食精髓中不可或缺的部分，这也影响、塑造着整个福建商业饮食衍生、发展的风骨。

福州美食灿若天星，不能一一叙来，之所以选金线莲炖土鸡与清炖跳跳鱼为例述写，旨在强调一点，美味炖法，食材选用非常要紧。正如清代食家袁枚在《随园食单》中所言："物性不良，虽易牙烹之，亦无味也。"意思是说，如果食物原料低劣，就算是你把易牙那样的旷世名厨请来，也难成美味佳肴。好在金线莲、武夷鸡，或是野生跳跳鱼，均采撷于闽地上好食材，再加上当地高厨妙手回香，一桌宴飨，稳赚十全食美。正所谓"大抵一席佳肴，司厨之功居其六，买办之功居其四"。可见采购的重要性。

柏拉图的美食园

尝人间美味，去一座水陆相济的城便足矣。这座城就是厦门。

因此，我将厦门称为柏拉图的美食园。2016年3月来到厦门，整个人都是恍恍惚惚飘着的。这种感觉，从跨过集美大桥开始，紧接着，出了海底隧道，迎接你的便是满城的炮仗花和凤凰树。

住在万石山下，最大的好处是可以观览山海壮景。

因此来到厦门的前一日晚上，和同行者约好，第二天早起爬万石山观海上日出，然而谁也不会料到，对于一个吃货来讲，永远迷失在路上……

一大早出了酒店的门，看见厦门一路飘香的早餐车推了过来，再也拔不动腿了，尤其"古早红糖馒头"几个字是那么扎眼。说实在的，对于一个从小吃馒头长大的人来说，馒头并不稀罕，可是什么样的馒头才是古早馒头呢？能香过北宋万家的馒头吗？或者，像权相蔡京府上的馒头那样令人垂涎欲滴吗？不管怎么说，先尝尝再说。

一口咬下去，在浓烈麦香味的包裹下，溢出一股红糖的甜香。接连吞下两个，意犹未尽。可是又没觉得这馒头特别在什么地方。卖早点的阿婆示意我，要不要一杯豆浆啊，我点点头。接过她的茬，问了几句。

何为古早？原来古早是一种味道，闽南人常用来形容古旧的味道，其实就是"妈妈的味道""外婆的味道"。如果你是个单纯的人，可以用单纯的做法去料理，以简单的调味料理简单的食物，这样蒸出来的馒头看上去粗糙，但用料真。如果想要达到绵软的口感，让这种古早味"更上一层楼"，那么，除了用赤砂糖纯手工熬制酱汁外，所用的红糖可以用冬小麦面团发酵3次，味道会更加醇厚。

是的，真正的美食，并非出脱于金銮风月，而是带着来自民间深处的光华，那是一种久违"念想"，是洪荒之中一抹"清和之气"。

在厦门，几乎随处可以感觉到这种"清和之气"。尤其沐着小海风，走在鼓浪屿纵横交错的街巷间，如穿梭于一个储藏了许多记忆的星盘上。

登上鼓浪屿，完全可以释放你骨子里的"柏拉图"，将自己还原到一个纯吃货的境地，一路走，一路毫无目的地吃下去。

这里绝对是鱼丸爱好者的天堂，就拿大名鼎鼎的林氏鱼丸来说吧，门口总有人排队，火啊，要说为什么，理由只有一个：好吃。每一粒鱼丸都是纯手工制作，颗颗经典，咬一口下去，Q弹爽滑，鲜嫩无比！鱼丸店在鼓浪屿很多，即使没有林氏那样有名，但几乎家家门口挤满了人。

与内陆的汉系肉丸相比，闽南海鲜丸子在传统的基础上，熏染了纯正台式清、新、淡、雅的气质，一现世就炸裂了众多美食爱好者的心，而这股裹挟着强大"内力"的"清和之气"，在我看来除了传承内地厨艺大成外，还深受日本海岛饮食文化的影响。对于"丸"来讲，典型的就是起源于日本大阪的章鱼小丸子，原名"章鱼烧"，其历史要追溯到大正，创始人是日本著名美食家——远藤留吉先生，素有皮酥肉嫩、味美价廉之特点，在日本家喻户晓。

而中国汉系肉丸的"远祖"至少可以追溯到"跳丸炙"上，这一点，南北朝《食经》上有所记载。当年隋炀帝杨广乘着隋版的"铁达尼号"沿大运河南下出巡，走一路吃一路。到了扬州灵机一动，他让随行厨子以名景葵花岗为题，制作了丸子始祖葵花斩肉。从此，丸子在中国历朝历代走红，到了清代八宝肉圆就越来越精彩了。

漫步于鼓浪屿，会冷不丁撞上一些原住民小吃，如果能偶遇到阿婆春卷，那就不虚此行了。

阿婆春卷不是什么小店，而是一个巷头小摊，可别瞧不起，已经有些年头了，光看60多岁的阿婆，你就知道岁月有多沉淀了。也许她在这个岛上卖了一辈子的春卷。

我是在去往马约翰广场的途中，经过一个偏僻安静的小巷子，碰到这位阿婆的。她的摊位在一个角落里，被晚上昏暗的灯光笼罩，稍不留神就会错失。其实像春卷这样的小吃，在厦门随处可见，可大多卫生并不能保证，而且里面胡乱卷些什么谁也不知道。阿婆的摊位虽小，却很干净，她自己不直接接触钱，顾客自由投放找零。仔细观察她的春卷，里面有洋白菜，有绿色的藻类，有花生粉和番茄酱，吃起来有点甜味。我倒是觉得可以再撒点盐什么的，老婆婆听了直摇头，嘴里咕噜了几句，是当地土话，没听明白。站在一旁的年轻人给我解释，说这是鼓浪屿一种保持了原始风味的小吃，这么多年来，阿婆从来不赶时髦，做法始终不变，是真正意义上的古早味。

即将离开时，我瞥了一眼阿婆的身后，"泉州路23号"，那是一家住户的门牌号，古色古香的门庭两边刻有苏轼《海棠》中的两句诗："只恐夜深花睡去，故烧高烛照红妆。"真是一个醉美海棠的岛屿之夜。

之所以去马约翰广场，是因为广场旁边有个上屿水产的餐厅。有人等我。

与街头小摊店完全不同，上屿水产彰显了鼓浪屿文艺小资复古的气质和风韵，是真正意义上的"高大上"。

店面只有上下两层，装修却非常有创意，空间布局开阔，四壁通透，坐在靠窗的地方，还可以欣赏繁华街景。如果坐在露台上，就可以远眺日光岩。餐厅里还摆了好多怀旧的物件，应该是老板的个人藏品，搭配整体氛围，有种淡淡的怀旧感。

当然了，创意的装修，必然是衬托创意的美食了，这是老板的用心之处，也是每一个食客所期待的。

点了几样特色菜，海鲜是当仁不让的主角。比如这盘花样刺身，有北极贝、三文鱼、沙丁鱼、虾，食材搭配很讲究，真正体现了食材的花样，摆盘的花样。小象拔蚌拌秋葵，听说是这家店的招牌菜，既然是招牌，那自然是离开这里很难吃到了。如果你觉得我在吹牛，那就是吹牛，因为味道真的很赞，当然了，我认为"很赞"的主要原因在于，这道菜配有谁都可以模仿但永远超越不了的秘制酱汁。口感好啊，新新鲜鲜的食材，蘸着酱汁，一口吃下去透心凉，太爽了。

以往在北方吃过蒜香开片基围虾，因此在上屿水产吃香蒜基围虾，就很挑剔了，取材都一样，做法大同小异。不过要尝海产的鲜，旱塬地上的人永远拼不过海边的人。尤其对于海鲜来说，鲜就是王道，时间就是锁住味道的唯一法器。设想一下，若是一个人拎着一堆活蹦乱跳的虾从鼓浪屿码头步行到银川南门外，以6公里/小时的标准算，至少也得17天22小时50分，虽说此举惊世骇俗，十分柏拉图，可是虾毕竟臭了。现实一点讲，坐飞机吧也得3小时13分，到达机场周转，到餐厅再折腾，等端到餐桌上，味道和营养也丧失好多。

在上屿水产，如果你腰包鼓，有足够的钱，就可以品尝到世界三大蟹：阿拉斯加帝王蟹、俄罗斯松叶蟹、北海道红毛蟹。不过还是别贪心，只要品尝到俄罗斯的松叶蟹已经心满意足了。蟹的做法千百万，可是上屿水产做法特别得不要不要的，店家专门把蟹腿一根一根卸下来，先焗后烤，也就是说先将松叶蟹腿用调料腌制处理后，以锡箔纸装好，放入烤箱烹煮到熟。这种蟹常年在冰冷的海水中生长，肉质果然很结实，味道果然很鲜美，杠杠的。

说到蟹，就得说酱心蟹虎鱼这道菜，鱼不大，但是肉很鲜美嫩滑，又有一股淡淡的蟹的鲜香味。难道这酱心里揉进了蟹肉？NO，没吃过的北方人打死也想不到，原来这种鱼啊，相当于水产界里的老虎，专门吸螃蟹的血吃螃蟹的肉长大。美食的背后，就是这么有趣，却又如此残酷。只是人类巧用了自然的法则。

当然了，美味不止这些，南洋凤梨饭、蟹柳天妇罗、酱油水海鲜、香煎金鲳鱼、暖心虾菇、牛仔骨、芦笋银带鱼、美味蒸油蛤、海鲜荞麦面等，这么多的海鲜，让你吃到吐。

在厦门，细心的人会发现，街边有许多食品小店以人的名字命名，共同的特点是窗明几净，小资而又文艺。这种追求个人品名的做法，彰显了厦门人开放而又独立的特性。不过想拥有这样的店名，我提醒一句，首先你得有一个好听的名字，如果你叫张二狗，那张二狗的店，只能卖狗粮了。随便举几个例子，瞧瞧人家这几个店，不但名字雅致，而且还有故事。

鼓浪屿龙头路附近有一家特色甜品小店，名曰：赵小姐的店。一看这名字，就让人想起英姿飒爽的赵四小姐来。这家店外观风格完全是英式的，里面更是处处透着旧时光的幻影，皮沙发，白瓷青花，绿植，刺绣，古典，新古典，雅致，再雅致，这都不重要，重要的是，"赵小姐"卖的是甜品，尤其秘制的烧仙草和手工素馅饼，吃了让你很想见到赵小姐。

烧仙草是由多种食材配制而成的，流行于中国台湾风靡于日本和东南亚的一种特色小吃，所以它不是一种草，仙草才是草，在粤港澳地区称凉粉草，采收后晒成仙草干。其中以台湾苗栗县九华山的仙草干最出名。

赵小姐的店背后也有故事，据说这家店由赵小姐的孙女、旅居海外的陈女士为了纪念祖母投资的，委托当地朋友开办和经营。赵小姐是鼓浪屿旧时代的大户人家千金，解放前去了南洋。活到现在，恐怕是赵老祖太太了。

再比如，佟小曼手工茶饼，环境很好，主要卖各种烘焙饼干，还有花茶、松塔、鱼干，人流动量超级大！还有苏小糖，据说这家小店源于一个女孩的梦想，老板发誓要为她做出世界上最好吃的点心。想必这背后也有爱情和柏拉图式的传奇。

类似这样的店还有很多，比如吴伯棒冰、潘小莲酸奶、张三疯奶茶等等。

嘘，说到张三疯，我提醒一下，张三疯是一只猫的名字。店铺挂有招牌专门为这只猫立传：

张三疯是生活在鼓浪屿的一只猫

自由自在，小时候很疯

长大了却像梁朝伟一样深沉

长大的张三疯

常常红杏出墙

和隔壁旅舍的狗狗一起

在鼓浪屿上私奔几天

如果不是大海阻拦

它们早就浪迹天涯了

如果还来厦门，吉治百货可以重复去。鬼才知道我还能不能找到。这家厦门老牌是我在开元路闲逛，拐进一条老街，穿过一片杂乱的菜市场和老民居区撞到的，共有四层，一楼卖馅饼，二楼卖花砖、陶器，三楼是书局，四楼是咖啡。总之，综合来看，非常柏拉图，你不知道他们到底在卖什么，卖弄光阴？也算，其实就是一个带你装酷带你飞的地方。

好了，关于厦门，关于鼓浪屿的美食很多，暂且介绍这么多。我聊到的，基本上是品尝过的，还有好多特色美食没有尝到。最最遗憾的是，没吃到扁食嫂邱素华1948年在赖厝埕创立的扁食店，现在邱老太早去世了，儿子接管并经营至今。

最后，给那些去厦门海鲜吃吐了的大西北人一点攻略。吃家乡味，厦门满大街都是"西北拉面"，几乎全是新疆人开的，连服务人员都带着标准的大舌头口音，面的味道还好，不浑汤、不黏牙，爽滑宜口。所有的店几乎清一色不准吸烟和饮酒，绝对正宗。

武夷山的大宋风华

前几日去旧书摊闲逛，一书贩力荐某本宋代史书，我一看是那种戏说的顿时没了兴趣。他却说，别瞧不起宋朝，他们那里人很富裕的，也很会吃的哦……他一说吃，我眼前一亮，没怎么犹豫就收下了。事实上那本书无关乎宋代饮食。

我之所以买下那本书，只因为赞同他关于宋人饮食的说法。

既然说到宋食，我再补缀几句。宋代GDP高啊，农耕文化发达，社会稳定，老百姓幸福指数嗖嗖的，没事儿了就埋头瞎琢磨吃的。但又碍于那些《礼记》的破规矩，即天子吃牛肉，诸侯吃羊肉，大夫吃猪肉和狗肉，老百姓只能吃点鱼肉。其实更多时候，还是以五谷杂粮时蔬为主，比如有一种饼，叫身残志坚的武大郎的炊饼，还有一种饼，水瀹而成，为汤饼。

说到汤饼就与武夷山有关了。牛皮哄哄的宋人大理学家朱熹，一生71年中，有50余年在武夷山奉母治学中度过。据说朱母非常喜欢吃儿子做的汤饼，那个味儿啊，别说了。看来这种饮食所承载的孝道，其力量是非常有穿透力的，想想，800多年过去了，"朱子孝母饼"即使做工十分考究，烹制密码难以破解，但仍能奇迹般地流传至今，而且成为武夷人迎风待月的一张名片。我可是亲眼为证，2016年3月份，深入武夷山采访，走在街上随便钻进一家小商店，在醒目的位置都能看到这种风华小吃。

宋人好吃，作为一代儒学泰斗的朱子，也自然是个十足的吃货。虽然我的行程紧迫，但在武夷山待的一星半点的时间里，总能听到当地人茶余饭后讲文公菜、八卦宴的段子，而这两道大宴的著作权就捏在朱子的手里。

如果不懂历史，或对文公菜不了解的年轻人，可以看看2015年四川卫视推出而且至今还在继续推的历史体验真人秀《咱们穿越吧》，第二期"靠颜值穿越"的沈腾作为书童，就体验了一把用"绳命"吃朱子家宴的滋味。不过可笑的是，节目中既然品鉴的是朱子宴，却又为何搬出比朱子晚700年的李炳南老居士编述的《常仪举要》作为入餐要训，娱乐就是肤浅，罢了。

真正意义上的朱子家宴以文公菜、八卦宴为代表。不过要吃到正宗的比较困难，毕竟800多年过去了，时代在变化，美味也在迁延。若是在武夷能吃上那么一丁点的宋人朱子味，也是一种口福。

来到武夷山的当天，工作人员安排在九龙湾御膳坊用晚餐。餐厅就在美丽的崇阳溪河畔。河水静静流淌，在日落的余晖下，静谧、清美、古远。河对岸，黛色山脉延绵不绝，给人无限遐思，更远处，燕雀归巢，连片的村庄掩蔽在了幽古的暮色之中……

整个九龙湾在葱葱郁郁的古木合围之下，宁静而致远，堂前屋后，一棵棵高大的芭蕉树，若水如诗，令御膳坊平添几分仙气。

"指动尝羹供上客，香飘御膳款嘉宾"，御膳坊门楣一副美食对联将奔波了一天的疲倦一扫而光，刚落座，菜就哗哗地陆续上来了，嗅着浓烈的美味，口水潺潺，心旌荡漾。据餐厅主人讲，因视我们是从宁夏远道而来的贵客，所以特意给厨师提要求，既要做出传统的武夷风味，还要做出宁夏人的清真特色。

看着满桌子的大餐，似乎每一丝美味里都回荡着大宋遗风，都闪耀着老饕朱子的绝代光华。

先说说几道朱子遗风的菜吧。

大家一定还记得在真人秀《咱们穿越吧》中，沈腾将丸子藏在袖筒里偷着吃，后来被老师发现了还挨了板子。为什么偷着吃啊？因为好吃啊。这么好吃的名扬天下的文公菜在九龙湾御膳坊也能吃得上。

这道菜的传统做法以猪精肉、精粉、冰米、鸡蛋、白扁豆为主，是武夷山有名的看家菜。不过光从外观来看，名菜虽有朱子遗风，却也是画虎难画骨，且不说这肉换了精牛肉（这是特殊要求），单说摆盘就远远逊于朱熹首创。

据说有一次，朱熹的一个学生中榜了，当然考的不是蓝翔技校，而是北大清华，老朱一高兴，灵感刷刷迸发，系上印有"十三香"或"金龙鱼"的围裙亲自下厨，用20个肉丸子叠成一个塔，塔底九个，逐层递减，塔尖上一个，完了再盖上一朵云菇，简直就是倾尽佛心修佛塔嘛；每一层塔中间用鸡蛋皮隔开，装入碗中，放进蒸笼蒸熟。因造型像塔，又用了十种原料，这道菜俗称十锦秀才塔。

真是美妙绝伦，要是朱子活到现在，准会获他个千禧金厨奖。

后来，这道菜都是朱熹在治学之余，自己麻溜麻溜地动手做的，主要用来招待那些云游而来潇洒而去的文人茶客。吃人家的嘴软，拿人家的手短，一来二去，文人口口相传，砚笔生华，往微信朋友圈一晒，很快，这道菜就在乡野间流传开了。说到这里，我不禁感叹，在当下看来平常饮食男女的俗场子，在朱子那里却是那么隆重，是朱子俗情俗事多，还是今人不懂得在柴米油盐酱醋茶中寻得一席清雅呢？

孔子游学爱给弟子宣讲礼仪之术，朱子则更注重与弟子探讨并分享他的美食。这才是真正的吃货。

据说朱熹常被弟子们邀请到乡下去讲学。有一次，席间有个弟子脑子抽风，突然提议，能不能将八卦卦理卦象融入饮食之中。朱熹想了想，也对啊，何不尝试一下呢，于是他酝酿再酝酿，灵感终于来了，他挑灯夜战，创设了与八卦有关的菜谱。从阵势上讲，文公菜比不上八卦宴了，光摆盘来讲，八卦宴严格遵循八卦图例，而且每道菜都有非凡的寓意。

中国素食，是从宋朝开始走向专业化的，《东京梦华录》和《梦粱录》就有相关记载。

这个时候的大宋风华，完全体现在武夷人制作的青团上。与朱子20个肉丸子相比，青团，顾名思义青菜团子，其实就是野菜团子，野菜一般选用泥胡菜、艾蒿、鼠曲草三种。我们吃到的是艾蒿团子。

在武夷山，长茶叶的地方也长有艾蒿，因此，与山水齐美的艾蒿汲取的是天地菁华，武夷人将这样的"菁华"用面浆打烂成团，经闽川大厨妙手烹制，吃起来既有丸形，又有丸味……

还有几道美味虽说没有大宋遗风，却也最能代表武夷山肴馔文化的特色。

比如这道号称招牌菜的清蒸红眼睛鱼，服务员刚端上来吓我一跳，很显然连鱼鳞都没有刮，是厨师疏忽了？当然不是，据当地人介绍，这种鱼来自九曲溪，鱼鳞是可以吃的，真是名山秀水出灵鱼，这里的鱼竟然超凡脱俗到了这种地步。

那么味道如何呢？不敢大快朵颐，就用筷子轻轻挑上一小块送到嘴里吧，哇！好新鲜，感觉没过油，直接从干净的溪水里拎出来摆上餐桌的。鱼鳞薄薄脆脆，越嚼越香，好吃又补钙。

据我所知，红眼睛鱼并非唯一鳞片可食用的鱼，像鳓鱼、鲥鱼的鱼鳞也可以吃，因为这些鱼留着鱼鳞做味道更鲜美，做法一般是清蒸或酱汁。这两种鱼都是珍贵的鱼种，类似于活化石，总之是我孤陋寡闻还是怎么着，西北人的餐桌上很少见到。其中鲥鱼鳞片堪称绝代美味，明朝袁达在《禽虫述》中验证了这一点："鲥鱼挂网，以笋、苋、芹、荻之属，连鳞蒸食乃佳。"

爱臭美的女吃货注意了，这种鱼的鳞与其他所有鱼的不同之处是，若用锻石水浸过，晒干后还可以用作女人花钿。

还有一款很劲很萌的菜，雷公菜爆蛋。这是野菜与蛋液联袂上演的一出"食之舞"，是食江湖的"梁山伯与祝英台"。虽然牛皮哄哄很热辣，但吃起来比较清甜，也没什么怪味。真不知道长在大地上的雷公菜是什么样子的，像司雷之神？像兽？像鬼？似猪？似猴？还是像大力士？我想应该也和艾蒿一样，是一种清明前后可以采摘的"小清新"。

　　青团，顾名思义青菜团子，其实就是野菜团子，野菜一般选用泥胡菜、艾蒿、鼠曲草三种。

如果说阳春三月下扬州，饱的是浪漫主义的诗意之腹，那么阳春三月到武夷，则彰显的是千里寻她千百度的寻味之美。我的意思是说，到了武夷，如果不吃腐乳炒蕨菜，那就亏大了。《诗经》中早有记载蕨菜的诗句，"陟彼南山，言采其蕨""山有蕨薇，隰有杞桋"。泱泱中华五千年，蕨菜的身份的确够得上黄袍加身，是高贵与神秘的象征，西周时人们将它当祭品用，到了清代就成了万古至尊的贡品。

在武夷山当地人的土语体系里，蕨菜被称作"雨赛"，起初不明白什么意思，后来想起蕨菜还有一个名字叫"拳头菜"，一下子恍然大悟：蕨菜们在雨后的山林里，举办各种伸拳头比赛，看谁的拳头伸得高、伸得多……有趣啊，武夷人的想象力真是爆棚了，泛滥了。

以往我们北方人很少吃到蕨菜，记得第一次吃蕨菜时日并不长久，十年前吧，或者更近一些，是父亲出差从南方带回了几包蕨菜干。当时母亲不知道该怎么做，后来还是效仿烹制黄花菜干的做法，用冷水泡开，再用开水氽熟，油盐酱醋几大样啪啪啪上来，一拌，就那么稀里糊涂地吃了。没觉得有多好吃，而且还有一股苦味。

这些年蕨菜在北方更普遍了，南蕨北调，一到每年的三四月份，几乎每个市场里都有蕨菜高贵的身影。更令人振奋的是，据说六盘山人也可以大量种植并供应这种菜了。"南蕨北调"将绝尘而去。这都不算什么，更有让武夷人情何以堪的事——据说战天斗地的固原人接下来要在六盘山上种植大红袍，呜呼……

总之，蕨菜作为"旧时王谢堂前燕"，如今已经"飞入寻常百姓家"，民间对其的烹制也是花样百出，但是在美丽的武夷山，武夷人再一次以其别出心裁的手法洞穿了我们的想象力——热油、爆香蒜，放蕨菜、翻炒，再加腐乳和辣椒一起炒。味道鲜咸香辣，浓烈可口。这就是奇幻美味腐乳蕨菜。

说完了美食，再说说茶。

虽然大红袍、铁观音走俏大江南北，但在武夷山品一杯武夷人亲手为你用武夷的水煮的武夷茶，不是每个人都有这样的福分。当天晚上，在九龙湾御膳坊吃完饭后，我们又去了位于武夷度假村1路的何嘉茶庄。作为茶农的后代，守住先祖的茶基业几乎是每一个武夷人的不二使命，何嘉的茶业法人何燕英也不例外。虽说他们的茶业开张短短几年时间，却在茶叶零售、茶叶种植、茶具销售以及茶文化交流方面成就斐然。

何嘉茶庄上下二层，装修清新别致，是典型的闽北风格。这里陈列的每一个茶器、茶艺或花器，不追求完美，只求独一无二，仿佛时光转流，叩响了那个散发着幽香的老船木茶台。

然而在茶庄，更多的是各种品名繁多的茶叶，从大红袍到铁罗汉，从水金龟到半天妖，从白鸡冠到水仙，再到肉桂、岩茶，包括老板珍藏多年的私房茶，每一款都有一个故事，都有自己独特的韵味。

老板忍痛割爱，拿出了压箱底的私货给我们煮，他神态优雅而得体，一泡，二泡，三泡……每一泡都有不同的说辞，每一泡都几乎让我们震惊。我们沐浴在老板优美的茶经中，不论懂茶抑或不懂，都是历经沧桑的茶客，我们闭目，仰视，托腮，沉思……时不时捻着手中精致的茶具，把玩着纯手工艺打制的银器茶托，边品鉴边冥想，如痴如醉，如梦如幻，仿佛来到了武夷深山的原始茶林……这让我不由想起了台湾著名茶人李曙韵的一句话来："一棵茶树，从种子落地的那一刻，就注定要与这块土地生生相惜。茶不移本，植必子生……"

是啊，茶如此，品茶人何尝不是如此呢。

羊肉带皮吃

以往说到羊皮，脑子里立马跳出二毛皮，羊皮大衣。怎么着也不会将羊皮与美食联系起来。后来听说南方人喜食带皮的羊肉，就觉得好奇，心想，这下南方不会有披羊皮的狼了，羊皮都被吃光了。

那么，为何南人北人在对待羊皮这件事上有如此大的反差，大吃家梁实秋的解释很明白，他说："南方人吃的红烧羊肉，是山羊肉，有膻气，肉瘦，连皮吃，北方人觉得是怪事，因为北方的羊皮留着做皮袄，舍不得吃。"周作人写道："在家乡吃羊肉都带皮，与猪肉同，阅《癸巳存稿》，卷十中有云：'羊皮为裘，本不应入烹调。《钓矶立谈》云：韩熙载使中原，中原人问江南何故不食剥皮羊，熙载曰，地产罗纨故也，乃通达之言。'因此知江南在五代时便已吃带皮羊肉矣。大抵南方羊皮不适于为裘，不如剃毛作毡，以皮入馔，猪皮或有不喜啖者，羊皮则颇甘脆，凡吃得羊肉者当无不食也。"

梁周二人的说法基本趋同，靠谱。

所以，中国南方五代时就已经吃带皮羊肉了，只是"问江南何故不食剥皮羊"，原因如上所述。相比之下，北方人专食剥皮羊，跟越来越火爆的皮毛贩卖生意有关——在羊的烹制上注重皮肉分离，然后将皮用来交易，将肉用来满足口腹之欲。后来皮草越来越珍贵，"带皮吃"便成为一种奢望，因为谁也不想因此而惨遭损失。

2009年8月，我去内蒙古采访，在近半个月的时间里，游走在北国口岸，从呼和浩特到北疆明珠满洲里，海拉尔，再到牙克石林区，克一河，阿里河，鄂伦春自治旗，大杨树镇，莫旗尼尔基镇，从广袤的呼伦贝尔大草原，到大兴安岭密林深处，探访鄂温克族的狩猎部落，神秘的嘎仙洞……一路走来，可口的牛羊肉不绝于味蕾，然而只有在莫尔格勒河畔品鉴到了炉烤带皮整羊，没有想象中的那么难吃，主要原因还是选用了羔羊，皮嫩啊，一烤就酥，加上作料，吃起来自然带劲。

从来没有想过这莫尔格勒河畔的炉烤带皮整羊源于何时何地。直到前不久读到一本书时，我才恍然醒悟。该书中提到南宋大臣洪皓出使金国，在那里被滞留了十五年，其间写了一本《松漠记闻》，书中提到："金人宰羊但食其肉，贵人享重客，间兼皮以进。"洪皓的意思是，这是一种效仿南国的做法。如果要找内蒙古炉烤带皮整羊的源头，我从金人的待客之道中应该能嗅到点蛛丝马迹了。因为女真族的祖先很早就生活在长白山和黑龙江流域。

无论是古之金国，还是今之内蒙古，带皮羊肉的发源就在南方。

然而2016年3月，有幸抵达八闽之地，从武夷山到厦门，中途经过莆田时，一提到可口的美食，我便展开了想象——数百年来，莆田人是如何用葱油白灼着鲜活的花蛤，又是如何用滚烫的水烹煮着带皮山羊。

那天，来到莆田已经是下午黄昏时分，虽然网上对这个八闽古府有诸多美妙的描述，但给我的直观印象是，到处充斥着电子、皮鞋企业，就连走在街上，似乎能闻到一股皮革与胶水混合的味道，是那么浓烈、那么密集地侵袭着你的鼻息。

当晚下榻在莆田市城厢区荔城中大道的三迪希尔顿逸林酒店。

早就听说莆田的温汤羊肉，朋友早早推荐应该去早市转转，感受一下当地人是如何购食这种带皮羊肉的。由于行程紧，第二天就要离开这个城市，回到客房我立刻摊开电脑做攻略。问了"度娘"，离住所最近的梅园东路有一个城北市场，生鲜、水果、干货、蔬菜、生禽、卤味、小杂货铺、海鲜，什么都有，每天早市人特别多，是体验莆田烟火人间的最佳去处。

第二天一大早，我就从酒店出发了。

毕竟是临海之镇，海鲜永远是主角。然而在莆田城北早市，在海鲜的丛林里寻找温汤羊肉并不困难，一堆堆顾客围着一些支着大木砧的摊位，一定就是羊肉的主场。不像北方早市，这里的摊主并不怎么高声吆喝，看来对自己的货品十分自信。他们最多在摊位前立个熟羊头，以无声胜有声的方式昭示着这就是天下美味温汤羊肉。

过客毕竟是过客，在这样一个充满异数的市场里，我只能侧耳聆听。

"饶搬，敖早，这儿来一斤。"

一些当地老顾客往往会直指羊脖和肋肉。这种经验绝对是吃出来的。

大家知道，北方羊脖因去皮而香、绵、柔，莆田羊脖因带皮而肉韧，耐嚼。羊肋则嫩皮、瘦肉、肥肉搭配合宜。把它们薄薄地切成一盘，带回家蘸上酱油佐酒，嫩滑爽甜，滋味美极。

因出门在外，不便携带，故而望着沐在晨光里来来去去购买温汤羊肉的人们，口水潺潺，彷徨瞻顾，慨焉兴叹。幸运的是，莆田的主人当天邀请我们客人在城厢区南园路的东方国际大酒店用餐。在众多莆田地道美味中，就有温汤羊肉。

知其味不知其所以味。作为莆田独创的温汤羊肉，光是站在街上的确看不出什么门道来。因此在酒店就餐，与当地人聚在一起，便是讨教的最好时机。

事实上，"温汤羊肉"的菜名中，"温汤"一词就暗示了莆田羊肉烹制的手法。当地人讲，厨子一般选用18公斤上下的活山羊，或者更小一些，否则羊肥肉多，没人敢吃。宰杀后直接去毛清脏，将整只羊囫囵放进滚烫的锅里，盖上锅盖，用文火煨一会儿，翻翻羊身，再煨一会儿。然后捞起放入木桶或大陶缸中，再把锅内滚汤一并注入，别急哦，还得焖上一个晚上，第二天再捞出悬挂起来晾凉，然后去骨装盘，冷藏定型。

也许你关心的，接下来怎么吃？别忘了，这道菜还有一个通俗的名字叫"白切羊肉"。"白切"二字诠释了后期工艺，也就是说，食用前，用锋利的薄刃将冷藏定型的带皮羊肉切成薄薄细片，这是个彰显刀功的环节。上桌前，撒上蒜、姜及醋、酱油等调料，根据自己口味选择，风味绝对独特。有些人还配甜面酱，恐怕北方人不习惯。倒是用这个酥滑如鹅肝、凝冻如玉膏的"白切"下冷白酒，我觉得能吃成这样，肯定是人生赢家！

莆田人能熟练掌握烹饪词汇，"白切"原本是针对鸡的，清代民间饭店就有流传，意味着，这羊肉同烹鸡一样，不加调味白煮而成，食用时随吃随切。

席间我谈到一早就奔城北市场，一个当地人给我讲，应该去莆田南市场，那里有一个老字号阿九温汤羊肉，阿九的手艺是祖传过来的，从他阿爸到现在有三十多年了，想想，三十年，一定有故事的。我连连点头，心想，原来正宗的在南市场啊。

烹制温水羊肉，莆田人对食材的要求很高，首选非山羊莫属，这其中尤以波尔山羊最佳。波尔山羊原产于南非的好望角地区，是南非本地山羊，常年吃灌木或者香草长大，所以去南非吃这种羊肉，一定能吃出特殊的香味。可惜这种品种引到中国后，地理环境发生了变化，通常吃的是草、秸秆，肉质也会发生变化。不过聪明的莆田人，为了hold住这种美味，出牧和归收时保证让羊饮清洁的河水或洁净的泉水，不饮沟渠塘里的水，冬季水温掌握在40℃左右，夏季把水温控制在20℃以下，春秋季节饮常温洁净水即可。如果饮不上河水泉水，最好饮用深井水。

本想莆田海鲜美食名冠天下，没想到就连北方人擅长的羊肉也独具文化，尤其温水羊肉，大有与北方羊肉美食分庭抗礼之势，这真是南人北人共同享有的兴味和福气。

在七宝品茗听书闻大钟

中国历史上，经济鼎盛的宋代，饮茶的习俗已经日常化了，王安石说过，"夫茶之用，等于米盐，不可一日以无"。那么，茶文化和酒文化哪个更能代表中国呢？恐怕这是个令人纠结的话题，但是，柴米油盐酱醋茶，古人出门七件事有茶无酒，从另外一个角度已经说明了问题。

虽说茶在当下已经普及，但是真正懂茶的人毕竟少数，北方与南方相比，茶人茶事寡淡。且不说北方，即使南方茶馆零星遗存，颓废之势直线流泻，中国茶馆文化逐日走向坠落。

茶馆原本单纯以品茶为营生，作为文化传承的古老载体，鸿儒白丁，人来人往，久而久之这馆便成为一个社交平台。就好比现在的微信群，掌柜就是群主，茶客就是有事没事刷存在感的群串子。来到茶馆晒什么，有鸟的提个笼子晒悠闲，有蝈蝈蟋蟀者晒乐呵，有古玩玉器的晒宝贝，能掐会算的晒忽悠，有娃的抱娃晒天伦，没娃晒的家长里短甩段子，秀口才，一来二去，这部分要嘴皮子的被怂恿上台，江河日下，能者最终成为专业说客，或说书人。还有一些人凭吹拉弹唱小技，混成了胡同明星，用现在的话讲，成为网红、达人。再后来，来而复往，日月轮转，这茶馆风水每况愈下，

　　茶文化和酒文化哪个更能代表中国世俗生活呢，恐怕这是个令人纠结的话题，但是，柴米油盐酱醋茶，古人出门七件事有茶无酒，似乎从另外一个角度已经说明了问题。

三教九流各色人等纷纷涌来，小社会的缩影已然成形。

或许中国茶馆就从我们最熟悉的老舍《茶馆》时代开始走向没落。小人、政客、流氓、奸商、伪君子……无奇不有。到了新时代，中国从一穷二白起步，哪有闲心开茶馆，哪有闲情泡茶场，声色犬马纷纷绝迹，享乐主义走资派瞬间遁形，即使喝茶，那也是关起门来的私房事。再后来，被约茶，成为约谈的代名词，反正红线在那里，禁区也在那里，喝不喝茶不重要，喝什么茶也不重要，重要的是谈什么了！

改革开放后，随着商业化进程加快，茶馆里再也不听书了，也不品画赏花了，取而代之的是，所有的茶场日渐沦丧为闲杂人员聚众打牌搓麻将之所，即使装修得再高档，气息里还是夹杂着功利和铜臭。"长街还带宋时雨，小巷犹闻大明钟"。那么，浩荡心灵何处去，不妨江南魔都走一回，寻觅大宋遗风。

去年11月份，赴上海七宝古镇，七拐八歪，循着美味，穿过街，越过桥，误打误撞，迈过高高的门槛，进了七宝茶馆。百年的时光扬着幻尘腥风瞬间迎面扑来，这座建于清代的老茶馆，原来叫汇水楼。所谓汇水，跟茶馆所处的位置有关，它身处蒲汇塘桥的南堍，蒲汇塘河从这里流过，岁月无比静美。同时在风水学里，水即财，汇水即汇财，因此汇水楼之名，使得老板企图发财的心思昭然若揭。据说很早时候，蒲汇塘河两岸茶馆茶铺几十家，解放后老百姓只顾着大生产，茶馆生意式微，纷纷转行。到了二十世纪八十年代，汇水楼率先恢复了茶馆经营和书场业务，老字号汇水楼也改名为七宝茶馆。

与热闹非常的七宝古街形成鲜明对比，钻进七宝茶馆，一统心境，仿佛置身于另外一个时空。这里大多是老人，打牌、聊天、喝茶，没有争执，没有偏激，不以物喜，不以己悲，每个人的脸上平静恬淡，每一个神情仪态似乎都定格在了慢镜头里。这里茶钱不贵，付上4元就可以悠闲一个上午，或一个下午。茶是电炉烧的，品咂几口，不苦不涩，不咸不淡。这里至今保留了老虎灶，可惜只是个摆设而已，想要喝到老虎灶烧出来的老七宝味，似乎已经不可能了。

有人说，老虎灶烧出来的水就是香，为什么香呢？因为早期老虎灶燃料用的是谷壳、木屑，火劲大，水沸腾得欢，味儿自然活络生香。然而到了二十世纪九十年代，人们开始用木柴作燃料，烧出来的水味显弱。再后来用煤烧，就越来越差了。以至于当下人们弃用老虎灶改为电炉烧水，已经不可同日而语了。

本来就是一烧火的灶具，为何叫"老虎灶"呢？原来早在111年前，《沪江商业市景词·老虎灶》记载："灶开双眼兽形成，为此争传'老虎'名；巷口街头炉遍设，卖茶卖水闹声盈。"哦，原来从老虎灶的设计来讲，两眼大锅像一对虎眼，另外一个更大的锅像虎身，烟囱则像虎尾，故名老虎灶，生动地再现了老虎灶的形态和烧煮场景。

来到七宝茶馆，喝茶不是主要的，在七宝书场听书听戏，才不枉此行。书场，即一座二百多平方米的老屋，乌黑，斑驳，甚至有几分颓废。地上挤了几排大方桌，长条凳。一张简单又非凡的说书台摆在正前方，一张大红布堂而皇之地铺在上面，格外惹眼。这天书场说什么戏呢？那里立着一个牌子，上面写着：常州评弹团，赵美华弹唱《双金花》，然后是——十二月一日至十五日，中午十二点半开书。

什么是苏州评弹？这是一门融说、表、弹、唱于一体的综合性艺术。题材多以历史演义和侠义豪杰为主，或传奇小说和民间故事。和那些说评书的一样，评弹每每说到要紧处，像憋尿一样也会来个"欲知后事如何，且听下回分解"，搞得急性子人会发狂。《双金花》是传统越剧，后来被改编成评弹书，故事讲了书生王文龙与富家女谈金花、谈银花姐妹之间的故事。说到这赵美华，是苏州朱传鸣的弟子，而朱传鸣又是弹词流派"严调"创始人、有"评弹皇帝"之称的严雪亭的弟子，严又是一代弹词宗师、徐调创始人徐云志的弟子……总之，从"赵调"到"朱调"再到"严调""徐调"，我的理解是，评弹这玩意虽说都有同源性，但仍旧是"骑驴捉尾巴，各有各拿法"，徒儿徒孙们都想后浪推前浪，变着法子出成果，譬如《双金花》就是朱传鸣创作的。

听评弹清音，品七宝闲茶，观上海风月，幻想雨巷尽头有一小家碧玉蔓结肠愁，款款而来……越过书场，会不自觉坠入四方天井，这里聚集着的大都是七宝老土著，个个端着包浆浓厚的紫砂壶，手指间夹着劣质纸烟，或品饮，或闲聊，或慢悠悠闭上眼睛晃着脑袋，真可谓静听骨内响，其患也安然。冬日里的阳光拍打着吴侬软语，乌黑的屋顶闪烁着斑驳的光华。陈旧的院壁，古朴的瓦当，光洁的石板，木制的门窗，整齐的花饰，残碎的瓷盆……踩着咯吱鸣响的木梯拾级而上，站在二楼，极目远望，七宝老市尽收眼底，霎时叫花鸡、梅花糕、酒酿糟肉、七宝方糕、七宝鱼头王、老街臭豆腐、蟹粉小笼、田螺塞肉、外婆家鸡脚、老街汤圆、竹筒饭、牛杂汤、虾仁烧卖、赤豆松糕、海棠糕、搞搞糖、牛肉汤等无数美食缭绕着红烟滚滚而来……

第二辑 骚食家

种菜亮骚是本事

美丽的市子端着罩盆坐在人字梯上，她的面前不是虾米也不是神马，而是一大片胡颓子树，翠翠绿绿的胡颓子锁住了森林的边缘，许多果子掉在地上，任其腐败而去，多愁善感的市子不由得发出了感叹：它艰难开花，到头来却落得如此颓废，结这样的果子又有何意义呢？

这是美食电影《小森林》中《夏》的一幕。

电影中的市子由桥本爱扮演，这位因出演《海女》迅速爆红的女星，以一脸天然的呆，内心的白，让人观后过目不忘。在这部电影里，市子洗衣做饭，过上了与世隔绝浣溪沙般的日子。原来啊，这日本不仅有令人嗷嗷叫的AV绿茶婊，还有清纯靓丽的村姑写真呢。该死的小清新，在日本当农民都这么有颜值。让人不得不想起苏轼笔下"簌簌衣巾落枣花"般的田园生活。

我想，即使胡颓子的"无意义"显现在周而复始的开花结果上，然而作为一种东西，它总归还是有用的。在《夏》第一道美味的片段中，市子将摘采的胡颓子揉碎，为它去籽，事实上凡是世界上的去籽，是一件很麻烦的事，需要有足够的耐心，除非，这是一件很重要的事，比如为心爱的人下厨……去籽以后再加入无漂白砂糖，但不要太甜，否则就偏离了爱情的滋味。当胡颓子酱汁与砂糖完全融合时，用慢火熬煮，直到果酱由艳红变为深粉红，再滴进水里观察"心情色"结成一球，就意味着这道"心食"大功告成。

事实上，从市子漫不经心且时时走神的样子来看，果酱烹制成功与否并不重要，重要的是，她在烹制一种心情——一种散漫，足以支撑她用一整篮子的胡颓子做出三瓶果酱。正如市子的妈妈曾经告诉市子的那样，料理反映的是内心的明镜，烹饪请专心，否则会弄伤自己。市子有一颗日本人的"弃子"之心，她早早被离散的父母抛弃，被男友抛弃，被整个社会抛弃，她的伤，隐现于质朴的一粥一饭之间，也在于四季更迭的精彩之间。是的，唯有自然之美，烹饪之美，方可滤掉很多杂质。

尤其当市子坐在坡顶小木房子的门口前，品尝由她亲手做的浓醇却涩酸十足的果酱时，这种在小森食光中料理幸福的感觉瞬间溢满唇腔。一切都烟消云散，一切都释然了……

虽说《小森林》是美食电影，单纯就美食而言，日本人的精致、苛严，绝不输于中国，甚至更甚，比方说，他们完全可以为了一粒豆子，而备上十种作料，要过二十多道工序，每一剂味，每一箪食，每一瓢饮中都充斥着严谨却又简朴的美感。但电影所传达的信息要远远大于美食本身，从市子的身上看得出，美味力透下的人情味，美景映照中的人间景，简单的美食却不是单单的美食，更多应该是生活。

日本人的精致、苛严与冷温情，在中国台湾也同样有。

一个台湾的当地人，曾经给我讲过台东县池上乡万安村慢食家宴的故事，故事的主人王群翔几十年如一日，于一蓑一衣之间，用行为诠释着他在池上半农半厨的人生。

想想，池上好地方啊，好风好水，出好食材，再加上这里的好人情，王群翔被深深地吸引并移居到了池上。来到池上还有个原因，那就是他原本在台北做厨子，整天刀里来烟里去的，身体也日渐欠佳，而且忙碌个不停，疏远了妻女。愧疚之余，做出了一个大胆的决定。

到了池上，白天王群翔在田间劳作，女儿则在地头奔跑，到了晚上，摇身一变，成为素衣大厨，利用池上风水滋养的好食材为每一个旅行中的人烹煮美味。我想，若有机会，一定要尝尝王大厨的池上慢食家宴。尤其喜欢一粒粒清爽分明的白米饭，配上奶油蘑菇，经过精心烹制，就能出品法式、西班牙式、日式等多种葵花级别的菜，吃起来口感别致，香鲜万分。

想想，都是逃避一种世俗的生活，都是亮骚一种心情，都是用自己的勤劳和拙朴，换取每一天的富足和安静，永远自力更生，自食其力，如此一来，王群翔的生活不就是那个《小森林》中市子的生活么!

我宁愿相信，不论是日本岩手奥州市的小森林，还是中国台湾台东县的池上风水，终归是人间的憧憬。

不过正因为人类有梦想，才会一波接一波地影响着新一代的青年吃货。2013年，在我的一次诗学受访计划中，台湾80后诗人宋尚纬认为花莲人就是和城里冷冰冰的人不一样，原因竟然是宋尚纬也是个王群翔般逆天的大厨，唯独不同的是，他通常利用逛菜市场的机会，感受人间的温度，这就好比那个老头香港人蔡澜。这位宋兄台甚至有耐心喂养房东的两只狗狗，让它们服服帖帖地成为他的家奴，出门时总冲他狂摇尾巴。

扯了这么多，我就是要告诉每一位热爱生活的人，无论是市子，还是王群翔，或者是宋尚纬，他们过的都是一种慢食生活。

说到这里，有必要交代一下什么是慢食。

慢食这个词，或者说这种生活行为，是1986年由罗马人发明的，据说当年有几十名学生一字排开，坐在"西班牙广场"的麦当劳门口，肆无忌惮地蹲在地上吃垃圾食品汉堡，这个时候，恰好意大利美食专栏作家卡罗·佩特里尼（Carlo Petrini）从广场上经过，见状之后也是醉了。于是，他向世人发出呼吁："即使在最繁忙的时候，也不要忘记家乡的美食。"并投身到唤醒人们的"慢食运动"中，就这样，慢食的概念在全球范围内传开了。

好多人以为慢食就是慢慢食，这一点，我的观点是，慢食即"态度生活，隐世人生"，重在一种态度和心情，犹如我一向对手工烹制师的持续关注，对阳台种菜的小资们的持续关注，对直销菜品的农夫们的持续关注，对家乡老味道的持续关注，对荒郊野味的持续关注，甚至对一种被遗忘的美食经训的持续关注，等等。

不过真正意义上的慢食主义，却有多种内涵，既包括精致的美食、华美的菜单、迷人的音乐，也包括优雅的礼仪、高雅的气氛、愉快的会面，想想，以慢取胜的成都人，对照一下，你们的慢食是慢食吗？

在宁夏，最有慢食精神的当数吴忠人了，一顿拉面，就可以吃一个上午，这的确让人脑洞大开。怪不得有人说，吴忠人吃拉面，快赶上广州人喝早茶了。这种现象以前并没有引起我的注意，不过多跑了几趟吴忠，便真真切切地感受到了。

去年有一段时间，在吴忠帮朋友做点事，我经常早早地打车去吴忠的德福拉吃拉面，这是一家开了35年的老面馆了，据说生意好的时候一天卖过一头牛的肉。这一头牛的肉，就是好吃的吴忠人每天在晨光中慢慢磨出来泡出来的量。

如今，拉面馆在吴忠遍地开花，但相比之下，银川任何一家拉面馆都不敢摆放的沙发靠椅，在吴忠却是司空见惯了的。

我想，银川是慢不下来了，但是银川人却可以学学"快中取慢食"的技巧，要知道，像《小森林》中市子那样，种菜亮骚也是一种本事呢。

傍林鲜笋烧肉

若要不俗又不瘦，顿顿笋烧肉。

——苏东坡

　　虽为北方人，竹子却并不陌生，小时候农村家家户户用竹扫帚扫院，但是从来没有见过长在野地里的竹子的样子，更是没见过竹笋，有一年跑到西吉火石寨扫竹林玩耍，才发现长在那里的"扫帚"一根根直直的，翠绿翠绿，传说那就是扫把竹，骑上可以变白马啦。

　　或许有人会问，竹子向来富贵娇生，苦甲天下何以屈尊贵身的西海固？这您就有所不知了，《山海经·西次二经》就记载六盘山一带"其木多棕，其草多竹"，由此可见，宁夏南部山区也曾经气候宜人，水草丰茂，也曾经是大陇山下有竹乡，那里的人也曾经过着"亚热带"般的草裙生活。

　　只是当地人犯傻不怎么吃扫把竹笋。早些年偶尔见乡野闲人试吃，但做起来麻烦，不仅竹壳有毛，刺激皮肤发痒，而且鲜竹笋有一股浓烈的生涩味，即使用上好的山泉水煮过，也不能完全去除其涩，如果想立即食用，还需要在活水里泡上两三天，清炒、烧肉、煮汤均可。

可是在乡下，人们还是将那些食笋之人视为异物，更是见不得食芦之人。

梁实秋先生说过，我们中国人好吃竹笋，一点没错。我们的祖先很早就在河滩上挖芦苇芽，《说文》："餗，鼎实，惟苇及蒲……"意思是鼎中之物仅有嫩芦苇芽和蒲草，这是真正的野饭；《诗经》中有"加豆之实，笋菹鱼醢""其籁伊何，惟笋及蒲"等诗句，说明芦苇芽和蒲草，以及笋菹鱼醢之类的肉食和蔬菜可以盛放在鼎中，也可以盛放在豆中。瞧，芦笋与肉食同煮，这是真正的超级大鼎饭，荤素搭配，老祖宗越来越会吃了；"夏初竹笋盛时，扫叶就竹边煨熟，其味甚鲜，名傍林鲜"，宋人林洪提倡"傍林鲜"，并认为煨过的嫩笋剥皮后蘸上作料好吃，不知道蘸的是什么作料，我想可能就是盐了。在古代，作料没现在那么丰富，诗人陆游晚年仍旧亲自烹制苦笋，在少盐无油的情况下，从中吃出了世俗味，有诗曰："薏实炊明珠，苦笋馔白玉……山深少盐酪，淡薄至味足。"《四时幽尝录》中也认为食笋食的就是那种"竹林清味"，此为"人世俗物，岂容此真味"。

不管时光如何变迁，岁月如何蹉跎，春天里，竹笋易犯狂野是实事，在这样的季节里，连人心也随之疯长，大鱼大肉也变得极度寡淡，想想，就馋那口野野的朴素味。

前几日，我经过银川唐徕小区市场，红红的晚霞里，见一老太推着小车在街边售卖芦笋和毛笋。只觉得好奇，停下脚步，见那芦笋细嫩，形似芦芽，实为笋，毛笋身披纤毛，立锥状，前者看上去像小家碧玉，后者却显得粗实憨野。思忖许多，最终两种笋各取数斤，耗我整整45个大洋，一路心疼一路走，没想到拎至小区，一女上前攀问："同志，你是南方人吗？"这年头啊一听"同志"，我心里不由一紧，仿佛携暗哨穿越到了那个火热的年代，又似乎像块"玻璃"，被同性者恋诱身后。

我回头一看，见一40余岁的少妇，顾盼秋水的样子——大约也是看出了我的表情错愕，慌忙整理了一下面容说："不好意思啊，我看你提着竹笋，想必是南方人？"

我连忙说非也非也，北方人也食笋啊。她说自己不会做笋，如果你是南方人，想讨教一下。我说我也可以告诉你烹制方法，"比方说这个芦笋，适合清炒，或凉拌。而这个毛笋，炖肉好吃，煮得越烂越好。"听我说完，少妇连忙点头，说谢谢啊。对方走后，我下意识地摸了一下脸，心想，我长得像南方人吗？可是多年前有人还说我长得像日本人呢。

回到家，我上网查资料，资料显示，芦笋很苦，不泡它个三天三夜，是无法下口的；我说毛笋呢，"度娘"说毛笋可以炒肉啊；我说，牛肉行吗？度娘说可以啊；我说能放土豆吗，度娘说，当然可以啦。

我按照网上的指导，先是剥笋。这毛笋不好剥啊，第一次搞这玩意儿，不知道如何下手，干脆举起刀，刺啦一下，从根部划向笋尖，瞬时白晃晃的笋绽开了皮，像是解开了一个少女的双排扣。这个时间我意识到应该放下刀，得上手了，一层一层地剥，由表及里，有点小兴奋，真让人倾倒。

不知道剥了多少层，终于鲜嫩的笋肉露出来了，哎哟我的小乖乖，那么一丁点啊，原来粗卑肥厚的外衣下，裹了一个小嫩娘啊，萌死人了。虽说花了不菲的价钱，但咱也是为了尝个鲜，想想，也值当了。

笋肉切成块，异常诱人，笋皮如覆瓦，也同样好看，欣赏一会儿不算是什么奇异的嗜好吧，完了还得将它们当作垃圾扔去。美味的节奏进行中。接下来就是切牛肉块。肉是三天前从市场上买来的牛腩肉，已腌过，虽说"不新鲜"吧，但经过长时间冷却处理，肉的纤维结构相对平衡，是真正意义上的排酸肉，吃起来柔软有弹性、口感细腻、味道鲜美。再备上一颗红皮白瓤的土豆，切成滚刀块——其实就是不规则形状。

先往锅里下油，因个人喜好，率先扔囫囵大蒜五瓣过油，煸黄即可，然后炝入花椒八粒，八角两颗，干姜一块，以及葱花、蒜蓉、干椒等，然后将肉倒入锅中，大火翻炒，并陆续添加酱油、料酒、蚝油、盐等，倒小碗水，盖上锅盖卤上五分钟，再将切好的笋肉入锅与牛肉一并烧煮，三分钟后再将土豆倒入，与笋肉牛肉一并烧煮，其间多次少量续生水，翻炒以免煳锅，十分钟后便可大火收汁，起锅。

因没有外人，没怎么注重品相，但味道很赞，真是味软咸香，甘甜回美，妻子说我烹肉从来不失手，一点不假。没错，春笋烧土豆牛肉，重在春笋，如果没有一种经典的甘甜味，证明下料太重，就算是失败了，正如苏东坡所赞的那样："待得微甘回齿颊，已输崖蜜十发甜。"

如今毛笋就这样进了五脏庙，连同味蕾化进了春里。接下来已经泡了三日的芦笋，我想即使再泡上三日，那种特有的苦涩味未必能完全清除，如果真是这样，就只能将其与肉同烧，味道肯定鲜美，"若要不俗又不瘦，顿顿笋烧肉"，咱也过过东坡先生的日子。

晃来晃去的懒人生活

一些朋友老问我，慢饭与吃懒食有区别吗？我说有啊，也可以没有。

以往我们的日子过不快，那是因为我们快不起来，从而滋养了许多懒汉，这样的人是被人瞧不起的。

可是现在呢，日子却过不慢，人人都像蚂蚁和蜜蜂一样忙碌却毫无成效，真是得不偿失，正如约翰·列侬所说的那样："当我们正在为生活疲于奔命的时候，生活已经离我们而去。"相反，那些看似闲人懒人的人，才是当下品质生活的享受者，才是人人钦慕的"闲云野鹤"。

那么如何做一个优秀的懒人？如何晃来晃去地过上一辈子？这的确是个问题。

我想最起码要对慢生活有所理解，慢，不是磨磨蹭蹭，也不是偷懒，而是给速度拉上手闸，让每个人活在懒散的镜头里，让生活的肌理变得更加细致。

是的，当初我们不知"慢"有如此多的深意时，发现身边净是些懒人，可是当知道了如此深意时，再回头对照发现身边很少有这样的懒人，特别懒的人更是少之又少。

说到这里，我不得不提老周这个人，此人懒，懒得优秀，懒得出类拔萃，懒出了邻家大伯风范……

老周工人出身，却一点也不安分，早些年泡了个叫景荣的女孩子，这女子后来成了他的老婆。老周天生是个折腾王，从工厂辞职下海倒腾服装生意赚了点钱，接着，搞起了鲜花生意，从此以后，老周做事越来越慢，越来越懒。一晃20年过去了，有一天我听说老周生意做大了，他的鲜花不仅铺满了全城，甚至都出口了，而且还在城郊搞了两个大棚：一个是悟心茶苑，焚香、点茶、插花、挂画，专做传承和推广中国传统文化，过起了古人的慢生活；另一个家庭园艺，追求花草生活，体验逆生长。

我死活不信，心想，那么一个大懒人，怎么会越懒越出息呢？他不仅自己懒，还野心勃勃地拉所有的人一起去他的棚里懒！如今，这个大懒人又有新动作，两馆的旁边，又魔术般玩出两个大棚来。这两个大棚从外表看，土不啦唧的，一点也勾不起人的兴味来，可是钻进去一看，哇呜，真是别有洞天。

新建的两个大棚，老周用来做餐厅，一个素芳斋，另一个铁锅堂。特色是做最懒的菜给最懒的人吃。那么，如何做出懒洋洋的菜呢？老周的办法是，用火锅做火锅素，对此，我有三种猜测：一、所有的菜顾客来了自己去摘，自己去捡，自己去洗，自己去切，自己去烧火，自己去烫，一不留神，一大家子人一天的光阴就这么晃晃悠悠地挥霍过去了；二、所有的菜和底料，都由老周备好，懒人吃货来了，直接就跟县太爷一样，横七竖八往那霸气的桌椅前一坐，只等着伸手去捞去吃了，吃完了，还可以钻进竹林里打扑克，捉老妈子，炸金花，赶毛驴，抽王八……三、如果你不介意，老周的素芳斋火锅汤底完全不放任何底料，就老柴火烂炖白开水，在"开水滚三滚"之第一滚水微微冒鱼眼泡时，快速将青菜放锅里轻轻一烫，然后快速捞出，再蘸上可口的汁，那味道真是懒美懒美上青天，当然了，有些菜比如土豆、藕片、宽粉之类的，至少要等"开水滚三滚"之后，才可以吃。

总之，这三种猜测的吃法，享用起来都是梦幻般的，如果你不亲自去，我是不会告诉你老周到底会用哪种方式来招待你。

或许，有些人对我"懒人懒生活"的说法不认同，好吧，我推介一个日本版的"老周"，瞧人家，把懒当作产业来提倡和发展。此人正是日本明治学院大学教授，文化人类学博士，环保活动家辻信一先生，他就是因大力倡导懒人慢生活而为人所知。曾经发起"100万人的烛光之夜"活动。1999年创立文化环保组织"懒人俱乐部"，和老周一样，也是个企业家，经营环境共生型企业，旗下还有一个slow咖啡店。

2013年，我从网上购得台湾果力文化出版的辻信一作品《懒人农法第1次全图解》，这本书实践性强，教你如何在都市的狭小空间，轻松打造适合自己的菜园！如何把自家阳台折腾成蔬菜森林，超级详细的全方位讲解，实用派的首推，如果有一天我真的回归田园，这绝对是我实践的第一本指导书。今年4月份，辻信一的第一本大陆译本《慢生活慢美好》出版，这本书同样教你如何一步一步做一个优秀的懒人。

如果你既没有读过《懒人农法第1次全图解》，又没有读过《慢生活慢美好》，我建议你直接找老周，辻信一有的懒人指南他都有，辻信一没有的懒人指南他也有，因为老周没有下过一天地，却能种出常开不败的鲜花；他从来没有下过厨，却能做出人见人爱、人爱人吃的素芳斋和铁锅堂。

老周的铁锅堂，只做三种炖，炖鸡、炖鱼、炖羊肉。鸡是老周自己开着车，跑遍宁夏沟沟坎坎寻来的散养鸡，吃五谷和虫子长大的鸡。鱼是黄河鱼，虽然宁夏人烹制黄河鱼手法多样，味道各家餐厅也不尽相同，但说到底，都是一个味，因为这些厨师都是同一个师傅带出来的，而且大多文化底子薄，很难做出有突破性的懒食来。

因此我建议老周，去掌政乡一家清真美食楼的餐馆去尝尝，人家那黄河鲇鱼真好吃，小两口外加老母三人开，换个地儿，换个人，就不是那个味儿。至于羊肉，自然是驰名全国的宁夏盐池滩羊，滩羊肉的做法也很多，手抓也好，烧烤也好，小炒也好，清炖也好，葱爆也好，或者孜然，或者泡馍，或者红烧……老周的铁锅炖羊，好比东北人的柴火灶，怎么顺心怎么吃，百吃不厌。

慢生活，懒人生活，其实就是减法生活，减到不能再减，就会减出一身的舒适来，正如《小王子》的作者圣埃克苏佩里说过，什么是完美，完美就是不可能再减的状态。对此，辻信一则告诫读者，反思我们过度追求效率的生活，学着用减法过日子，有心创造一些慢下来的时光。

或许有人问，做一个懒人没那么简单啊，想慢也慢不下来，想懒也懒不了，工作丢了怎么办？一家老小还要靠这个吃饭呢！

其实慢活，不等于无为，清代张潮在《幽梦影》写得很清楚了："人莫乐于闲，非无所事事之谓也。闲则能读书，闲则能游名山，闲则能交益友，闲则能饮酒，闲则能著书，天下之乐，莫大于是。"作家米兰·昆德拉也说，哥们儿，一定要"慢下来"，因为自在有为的生活是急不得的。

换句话说，偷生并不意味着无为，比方说有个叫斯蒂芬森的人，因为懒得走路，所以在别人睡觉的时候他都在琢磨怎么能偷懒，于是他发明了火车。20世纪欧洲最伟大的懒鬼本雅明天天无所事事，在街头闲逛，于是写下了不朽巨著《拱廊街》，他说："艺术家、诗人看似最不潜心工作的时候，往往是他们最潜心其中的时候。"王尔德也是懒散生活的倡导者，他曾说过，"无所事事绝非易事"，他的一生都在为悠游生活努力。

所以说，慢是一种回归自然，轻松和谐的意境。日子就这样晃来晃去地过，真没那么简单。

教石诗人做焖面

2月29日，据说是个四年一次的妇女求爱日，就是这一天，古苏格兰人规定，对无拘无束地追逐女性、又拒绝接受警告的男人实行罚款。也就是这一天，石诗人放弃与女友约会的良机，随我学"一招敌天下"的厨艺。

我说你果真恋爱了？石诗人说是的。我点了点头，说你学厨艺何用，作秀，耍酷，还是装啊？石诗人说都是，但最主要还是想实实在在地学上一道菜，回头下厨给女友"亮亮臊"，让她吃出安全吃出地气吃出模范好男人。石诗人这份实心真让人感动，我说好吧，就教你做铁锅牛腩土豆南瓜酱香焖面。

在学做之前，得先让石诗人了解这道菜。

我说铁锅牛腩土豆南瓜酱香焖面，你能说出它的主要食材吗？石诗人说是铁锅吗？我白了他一眼，说，你们家才吃铁锅呢——当然是牛腩了，或者说是土豆，当然还有南瓜，更重要的是，面片了。总之，我也糊涂了。

事实上，这道菜在食材的比例上不存在谁多谁少的问题，平分秋色吧。至于味道，自然是酱香，手法是焖。了解了这些，就要准备了。先从肉开始吧。

超市割肉的大姐说牛腩肉好，我说那就牛腩肉吧。是盐池的牛肉。也许你会问为什么不用盐池的羊肉，那么有名。我说，有名能咋地，何况我做的是铁锅牛腩土豆南瓜酱香焖面，又不是铁锅羊腩土豆南瓜酱香焖面。

土豆是我春节从西吉捎来的毛家湾的红皮土豆。石诗人问：为什么要选用这种土豆？我说这种土豆整体看上去除了颜色之外和普通的土豆并无大的区别，淀粉含量比普通的土豆高，蛋白和维生素含量也都比一般的土豆高，非常适合作为日常的蔬菜食用。而且还有一点，土豆和牛肉原本就是绝配，相互入味，如果换作羊肉，就会生分许多。这就好比两个人谈恋爱，最高境界，就像土豆与牛肉那样裹糊在一起，你中有我，我中有你，看不到对方，却能感受到彼此的气息。

牛肉要用清水淘洗数遍，直到血水控尽，然后扔在案板上再观察，如果还有貌似血水不断渗出，证明你摊上注水牛肉了。还好，盐池牛肉棒棒哒，货真价实。

嗨，牛肉要切成拇指粗细的方块，不要切成片，也不要切成条，形之状决定着味之道，这并非骇人听闻。石诗人问我，为什么？我说别问为什么，你先把土豆皮削了。

在一切能切的丝中，土豆丝是厨间基本功，在一切能削的皮中，土豆皮的削制，也同样显现一个饕货的功底。土豆皮并不好削，试了几次，石诗人捉刀的姿态欠缺，利器玩不转，一个文采飞扬的新锐诗人，竟然将土豆削成了地球，削着削着，连脑袋也跟着大了，最后，终于削好了，呈现在眼前的土豆却只剩下核桃那么丁

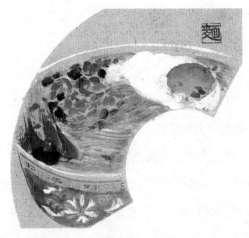

话说这中国的面条王国就在厚重古朴的中原。历代的面虽有变幻，但有一点是不变的，那就是离不开汤水。

点大了。我说把那些削掉的皮捡起来吧，怪可惜的，留着我下次炒土豆片吃。

再说南瓜吧。我们农村人称倭瓜，这"倭"字的意思包括难看的、丑陋的、矮小的，没错，别瞧它不打眼，可越老味道越粉甜，常常与土豆烹炒，糊糊的，味道又多出一层。

由于焖面的特殊性，对土豆南瓜切成什么形状并无过多要求，因此这活我就交给石诗人，他说土豆切成什么样儿，我说随便就行。事实上所谓随便不是真正意义上的随便，粗放操作之下也得讲究章法，切一个囫囵的土豆，先将其一剖两半，然后再将两半分别一剖两半，然后再将两半分别一剖两半后的四半再一剖两半，就差不多了，也许是长方体，也许是菱形，也许是方块状，完全取决于改刀的手法了，南瓜也是如此。事实上观察石诗人的刀法，出品的土豆南瓜切样，各种形状都有，真是奇才。

接下来就是面的问题了。作为一道传统面食，这是焖面的核心所在。

所以我说石诗人，有必要了解下什么是真正意义上的面食，因为这里面有美味、有历史、有文化。

话说这中国的面条王国就在厚重古朴的中原。这里诞生了烩面、卤面、炒面、酸浆面、糊汤面、杂面条……还有揪面片、捞面、沫糊面、老鸦头面、红面等等。不仅如此，面食历史也非常悠久，全世界公认的面起于两汉，后又有关于"水引面"的记载，东晋大臣、著名医学家范汪在其《祠制》中有"孟秋下雀瑞，孟冬祭下水引"之说。隋唐以来，在河南流行的有药食同源的汤装浮萍面，有皇家御厨大官烹制的槐叶冷淘面，也有北宋初期善篆书、有诗名的郑文宝创制出的云英面等。清代"闭户著书，寡交游"的宅男俞正燮在《癸巳存稿·面条子》中是这样写的面条子的："面条子，曰切面、曰拉面、曰索面、曰挂面，亦曰面汤，亦曰汤饼，亦曰索饼，亦曰水引面。"

历代的面虽有变幻，但有一点是不变的，那就是离不开汤水。真正意义上干面，那一定是见不得汤汤水水的，怪不得我们农村人将焖面称之为"干烙烙"。至于这种面起源于何时不得而知，大约是后来的事了。记得有位老作家说过："焖面还是赵嫂做得最好吃。"这赵嫂不是我家妻子，而是赵树理的夫人。赵树理也是个焖面迷，至今"赵家私房菜"令许多人惦念难忘。

回头说这焖面。如果偷懒，就到街上买上两三块钱的面片或面条。事实上现在城里的年轻人很少会自己和面擀面。好在我有童子功，七八岁时在乡下踩着小木凳在案板上和面擀面，一个人烧柴拉风箱煮饭全部搞定，因此对面食是情有独钟，至今三天不吃一顿面就觉生活无味。

和面是个技术活，和得越硬擀出来的面越筋道，但这样一来，难度便有了，手上没功夫，擀面杖不会使，注定要失败。同时也要学会撒干面粉，我们农村称撒"面po"，防止面团黏在案板上。

擀面也是有技巧的：正三遍，反三遍，擀得面团团团转。面擀好了，切是最能考验一个人的刀工了。做焖面的面不能切成长寿面那样，有人喜欢那种细细的条，我本人喜欢把面切成小菱形，像春天刚绽开的柳叶子。

再配点青菜吧，传统焖面，豆角貌似是少不了的。不过这次我没有买到豆角，只好用青椒代替。但事实证明，辣椒我选错了，皮薄、肉厚、色鲜、味香的羊角椒没有起到调剂辣的味道，反而蒸汽一烫，味道变得甜丝丝的。

我不得不说，石诗人的蒜剥得漂亮，拿起一瓣蒜，两个手指肚那么轻轻一搓，蒜皮自动分离，很快就剥了一堆。有那么几秒钟，我被他剥蒜的优雅吸引了。他嘴里还哼着不知名的歌曲。手指修长，这原本是一双弹钢琴的手啊，用来剥蒜，实在是委屈了。

好了，葱姜蒜以及花椒、茴香、酱油、白糖、白酒、醋等，一切都备好了，开炒了。

先是热油，八成熟时，往锅里取上两茶匙白糖，用大勺背快速顺时针搅拌，直至白糖化开，然后倒入牛腩肉，瞬间肉挂色成功，入葱姜蒜片以及花椒几粒翻炒，陆续添加酱油、白酒，盐少许，冷水少许。改文火，再翻炒，酱香便愈加浓郁。为了防止肉炒老，可以适当加点淀粉。这个时候，石诗人已经将土豆南瓜备好了，水控干净，倒入锅中与六成熟的牛肉一并翻炒。这个时候最保守的做法是，什么调料都别再加了，让卤制的牛肉汤汁完全融合，改中火，随着汤汁翻滚，甜香、酱香、蒜香，总之，整锅的香气喷薄而出。

"别急，石诗人，控制好口水，勒紧腰带，你来上手操作一下，"我将锅铲很庄重地移交给石诗人，说，"等土豆南瓜七成熟时，再加水。"

最后一道程序，很关键，那就是焖面了。一听"关键"，石诗人赶紧将锅铲塞给我。我说不用紧张，慢慢来，咱又不是发射卫星。他说："我还是去弄蒜泥吧。"我说用蒜臼吧，体验一下原始人是如何在石窝窝里砸核桃的。石诗人一下子兴奋起来了，可惜我们家的臼放哪儿找不到了，于是乎我脑门一拍，干脆就用榨汁机吧。石诗人连连向我竖起大拇指，他说哥你高见。很快，蒜泥搞定了。没想到招来妻子一通批评，说给孩子榨果汁的怎么能榨蒜呢，你们真是奇葩。言语里有"你们"二字，石诗人一下子脸红了，好像是他出主意这么干的。

这个时候改小火。往锅里铺面时，不要一把一把地扔，防止黏在一起，要一片一片地抖下去，像雪片一样自然地落，缓缓地将牛肉土豆南瓜蓬蓬松松地盖住，然后盖上锅盖中火焖制。

我记得在农村，通常用的是草锅盖，很严实，焖出来的面有一股麦草的清香。如今城里人用的全是明光锃亮的钢化玻璃锅盖，虽说漂亮，但焖不出地道的面来，因此我只好找来三条干净的毛巾搓成绳用水浸湿，围在锅盖边缘。

大约也就十来分钟的样子，就可以开锅验吃了。

就在锅盖揭开的一瞬间，一股浓浓的烧卖味扑鼻而来。没错，靠蒸汽一点点把面焖熟的美食，荤素搭配，冒着热气，金灿灿油光光的，蔬菜的汤汁和酱料完全浸透了面片，嗯，一定是很好吃了！石诗人越来越激动。

但不要急，稳住你的味蕾。先熄火，然后将面与牛肉土豆南瓜打散并充分拌匀，如果盐少，可以适量添加点，总之因人而异。吃的时候，蒜汁是必不可少的。石诗人表现不错，他在蒜泥中，加入了山西老陈醋，同时撒了些许香菜段混合调制，吃的时候用小匙浇在焖面上。一口下去，筋道油润，土豆南瓜都软烂，肉块酱香浓郁，尤其那蒜香入胃，更是提味。

我告诉石诗人，焖面看似懒人烹制，程序也不复杂，事实上下料时机、火候、调味、水分把握不好，不是肉生了就是土豆硬了，或者面片夹生，种种可能都有，甚至会毁了整锅的好食材。如果节奏不好控制，我建议面条单独在锅上蒸，然后再拌到一起。不过我喜欢一气呵成。

那天石诗人吃了三大碗。他信誓旦旦地说，回去要做给他的小心肝吃。我说赶紧回去先把你家锅支起来了再说。

互联网下的炒鸡蛋

随着互联网的发展，现在各行业流行"＋"的模式，比方说，自从庆丰包子出名后，全国的包子跟着涨起了姿势（＋）；吃了羊肉泡馍，泡馍涨了姿势（＋）；吃了牛肉粉，牛肉粉涨了姿势（＋）；吃了胡辣汤，胡辣汤涨了姿势（＋）；吃了鸡蛋炒西红柿，鸡蛋和西红柿都涨起了姿势（＋）……

说到底，用互联网的眼睛去看鸡蛋炒＋，那可不是一个简单的现象。因为鸡蛋是恒定的，瞬息的食材都是被炒的对象。

最常见的模式就是鸡蛋炒西红柿了。

咱先说说这鸡蛋与西红柿的关系吧。

鸡蛋自然是鸡下的，那么鸡类史上第一个鸡又是从哪来的呢？这个问题太卡了，暂且不表。

说到这里，有必要简单交代一下西红柿。

这茄货是秘鲁人发明的，然后传入中美洲，那时候印加人和阿兹特克人已经开始种植了，但这玩意"有毒"，他们不生吃，也不烹调，到底用于什么途，不清楚。直到16世纪，玛雅人和墨西哥南部地区的原住民才发明了西红柿的生吃法，一直到1750年左右，西红柿传到了美国，被当成观赏性植物来养。后来有人把西红柿加到腌鱼的酱料中，嘿，没想到味道不错，就这样，西红柿正式进入美国的烹调社会。

不过还有一个版本，传说第一个吃西红柿的是个法国画家，有一天他闲得慌，就冒着中毒致死的念头，吃了一个西红柿，没想到身体依然杠杠的，故而索性继续吃了起来，很快，整个国家的人都疯狂地吃了起来……

不管怎么说，西红柿是进口货吧，否则它不会叫西红柿了，而是叫东红柿。

只是这货传到中国时，已经是我大明王朝。1621年的《群芳谱》中说西红柿"叶如艾，花似榴，一枝结五实或三四实，一数二三十实。缚作架，最堪观"。由此可见，起初国人也只是用来观赏，后来西红柿才慢慢上了餐桌。

但在很长一段时间内，鸡蛋炒西红柿这道菜老百姓很难吃上，你想想，要么只有鸡蛋，要么只有西红柿，好比鱼和熊掌，两样齐备的话就得杀人越货。这么说来，多少有点宫斗的意思，事实就是这样，鸡蛋炒西红柿明朝时被王室奉为舌尖极品，到了康熙年间，就已经通过了ISO9001质量体系认证，成为满汉全席中的开胃佳肴。

虽说西红柿越洋千里，路子走到目前这种地步，早已服了我大中华的水土。而且被鸡蛋狠命地炒，也炒得相濡以沫，炒得郎情妾意，炒得妙趣生辉，炒得肝胆相照……这就是为什么不放任何调味，二者野合到一起，不自觉地于纯情炉火中折射出华丽丽的鲜味来的主要原因。这是一种红黄相间，本色碰本色的姿态，同时也彰显了鲜香酸甜的简约之理，也蕴含着阴柔撞冰火的哲学之道。真可谓咖啡大蒜长天一色啊。

在鸡蛋炒+的模式中，西红柿的戏份很重，同时呢，鉴于鸡蛋"普大喜奔"的特性，它还可以跟多种食材混起来，比如鸡蛋炒苦瓜、炒木耳、炒菠菜、炒韭菜、炒黄瓜、炒西葫芦、炒丝瓜、炒香椿、炒豌豆、炒莴笋、炒蒜薹、炒大葱、炒竹笋、炒油麦菜、炒茼蒿、炒白菜、炒丝瓜、炒豆腐等等。

相比之下，也有一些雷人的炒法。

比如，我有一个朋友，一次在酒桌上喝多了非要让餐厅上一道鸡蛋炒麦苗。当时一桌人都惊愕了，连服务员也傻了眼，慌忙禀报经理。经理是个女的，长得细白细白的，说话细里细气的，她说哥，求您了，您让鸡蛋炒什么都可以，可就是炒不了麦苗，因为我们没有麦苗啊。此话一出，我们这拨人瞬息背叛在了餐厅的一方，我们实在经不起美女经理绵柔的语气吹打，同时看她要哭了的样子，我们出于怜香惜玉，异口同声大骂朋友这货也不带这么欺负人家的吧！

后来我们追问，没想到这货的确干过鸡蛋炒麦苗的事。

他说严格来讲，是鸡蛋炒麦芽，也就是说，麦苗刚刚探出土正值半芽半苗时，带着露水掐下来，用滚水烫数秒，让麦芽的糖分完全释放出来，再与鸡蛋连锅炒，这样烹出来的味道既有麦芽的甜爽，也有鸡蛋的鲜香。这货还固执地认为，鸡蛋不仅可以炒麦苗，还可以炒鸡蛋壳。此话一出，世界哗然一片。

我嘲笑他："你说的不就是鸡蛋炒盖中盖么，是啊，没错，我从小吃鸡蛋炒鸡蛋壳，尤其是吃过下蛋公鸡生的蛋炒蛋壳后，一口气火箭般窜到十八楼，腰也不疼，腿也不酸，吃嘛嘛一款鸡蛋（+）都香得不行，不需冷藏，也没有防腐剂，实在是居家旅行，好吃不腻的必备菜肴。不仅如此，我还吃过鸡蛋炒盖加盖，还吃过鸡蛋炒盖加盖再加盖再再加加盖盖盖，而且祖宗八代都这么吃，同时我祖还发明了一款鸡蛋炒高乐高，鸡蛋炒高乐高再乐再高再高乐……"

一番连珠炮后，吃货朋友就彻底瘫倒在地了。后来，在整个吃货界，他老老实实地成了我的跟班。

虽说鸡蛋炒蛋壳有些夸张，但鸡蛋壳这玩意儿的确是好东西，可以用来擦家具、清洁热水瓶、除水垢、洗玻璃瓶、做面膜、消炎止痛、治妇女头晕，甚至还可以生火炉、灭蚂蚁、驱鼻涕虫，等等。

纵使鸡蛋能炒千千万，但印象深刻的唯有炒柳蒿芽，堪称"鸡蛋炒+"模式中的极品美味。

柳蒿芽是什么，身边人并不知道，但东北人肯定熟知。在达斡尔人眼中，柳蒿芽又被称为"库木勒"。

2009年，我曾随一个全国采访团，深入呼伦贝尔大兴安岭腹地，嫩江流域，和那里的鄂伦春人、鄂温克人以及达斡尔人一道品尝过多种野味。记得有一次我们去根河市探访中国最后一位鄂温克族狩猎驯鹿部落的女酋长玛利亚·索时，中途下起了大雨，结果探访失败，就干脆在村支书家吃起了柳蒿芽汤煮狍子肉，简直就是人间仙味。这种野菜常吃的办法很多，比如焯烫后蘸酱吃，当然也可以用来清炒、做馅儿，别有风味。

别说鸡蛋只有"普大奔喜"，同时也有青涩的文艺典范。

比方说，关注起步中文网的人，兴许能发现这么一个有趣的现象，"鸡蛋炒+"模式被很多网络写手运用于自己的网名上。比如有个叫炒蛋要加盐的作者，写了一部《哥谭市的审判者》，大概意思是说，身为蝙蝠侠弟弟的兰彻，为了帮助自己的哥哥蝙蝠侠，一同走上了成为哥谭市守护者的道路。还有一个叫鸡蛋炒锅巴的人，写了一部叫《超级虫洞试验机》的小说，意思是讲了一个叫刘卿的闲人，无意间捡到了一台虫洞试验机，然后他又通过这台机子穿越到了星球的另一面后，发现那里竟然跟古代的三国非常相似。我都醉了。类似的还很多，列举如下：

鸡蛋炒节操：《重生之我要做恶恶》。

王子炒蛋：《塔罗米米之风云》。

蛋炒饭和饭炒蛋：《异世小王子》。

蛋黄炒蛋清：《亘古之地》。

鸡蛋炒菊花：《末日晚霞中的小小》。

鸡蛋炒鲤：《画干饼》。

鸡蛋也并非一味文艺，还可以因纠结不清而"高大上"。比如文人时常与"舌尖"干架，在我看来那不叫自残，而是充满智慧的饶舌之辩。

据说世界上第一位作家和世界上第一位厨师发生过争执，经过一番激烈的争论之后，作家对厨师说："你没有从事过写作，因此你无权对本书提出批评。"厨师反驳道："岂有此理！我这辈子没下过一个蛋，但我能尝出炒鸡蛋的味道，母鸡行吗？"不知道接下来作家该如何回答，至今还没有个定论。

我想，倘若这个问题让大哲学家萨特用他的存在主义来作答，想必他会说："世界是荒谬的，人生是痛苦的，你们真是闲得无聊，想那么多有啥用啊。"如果你再请求他上锅灶做个"鸡蛋炒+"什么的，他肯定会说："我想创造一种炒鸡蛋，期望它能表达存在的虚无。但到烧成，它却并非如此，只飘散出一股奶酪味。我眼睁睁地看着盘子里的它，而它却不回答我。我试着把它端到黑暗里去吃，但这一点儿也没用。马尔罗（萨特同时代的法国作家）建议我在里面加辣椒粉。"

当然了，哲学的意义还在于，当女人们身穿印有炒鸡蛋的服装穿过街头，这必将是一个能引发无尽冥想的问题。想象一下，整个时装界、哲学界、烹饪界都可能会有自己的答案。

呜呼，"鸡蛋炒+"。

酸菜爱上了鱼

下班了跑到市场转悠，菜贵得要死，心想干脆就吃肉吧。

牛羊肉太腻，突然想到吃酸菜鱼。我承认，这是基于想吃酸菜，刮刮肚子里的油水，同时也是基于想吃鱼——光只酸菜，肠胃又不可承受其酸腐之重。

于是跑到鱼摊上，问老板，什么鱼适合炖，老板说当然是草鱼喽。我问为什么。老板瞪了我一眼，没好气地说，就是适合炖。

事实上我是想要黑鱼的，可老板只有草鱼。草鱼就草鱼吧。我指了一条看上去很活蹦乱跳的，老板捞起就往鱼脑袋上一敲，它就不动了。剜鳃刮鳞，开膛破肚，很快收拾好了。

顺手又在市场里买了酸菜一袋、小米椒一袋、野生笋鞭一袋，这些都很便宜，十元以内都能搞定。同时又跑到豆腐摊上，切了一块豆腐。俗话说，千炖豆腐万炖鱼，酸菜鱼怎能少得了豆腐呢。

豆腐我选用的是时下银川流行的通贵浆水老豆腐，经历了清洗、浸泡、磨浆、煮浆、过滤、点浆、蹲脑、摊布、浇制、整理、压榨、成品等传统工序，通贵豆腐呈现给人们一种怀旧色的超强质感。现在许多食物已经吃不出原材本真的味道，多一道工序，就意味着丧失一层"自我"，通贵豆腐虽说工序繁杂，却也道道如妙手剥茧，层层见其真味，闻一闻豆香浓郁，似有一股炭火味，入口绵软但有嚼头。

制作才是关键。多好的食材，交给厨间莽夫操作，那也是一种糟践。好在咱也是饕客一枚，以"好吃喜吃"做幌子，即使烹不出人间仙味，却也自信入味。

即使鱼的肠肠肚肚已被清理，但二次收拾仍然是必不可少的。

俗话说猫有九命，那么鱼有几条命？兴许谁也说不上来，在我看来，至少大于等于一条命。以往妻子对收拾鱼敬而远之，说她见不得鱼在池子里蹦跶，不认为那是一种欢愉，恰恰相反，是一种疼痛。她说自己曾见过很多次，被杀死的鱼还会甩尾巴，听得我心里直发麻。我批评她说，你这是一种文人思想，是白衣秀士的伪善心。

事实上，我何尝不是如此呢？文人思想作祟，总是通过想象把自己的命贴在阿狗阿猫阿鱼的身上。这叫及物生情，恋怀苍生。我惊诧于眼前的这条草鱼，明明亲见它是被鱼老板开膛破肚的，可这会扔到菜池时，却跳了起来。看来它不止一条鱼命，它的命藏在尾巴上，藏在脑袋里，藏在每一片鳞片里。我不能上前给它补上一刀，唯一能做的，就是任它摆动，等耗尽体力，所有的命从它体内抽离时，再秉承着屠夫精神，抑或带着一种食不厌精脍不厌细的理念，行厨至尽。我承认，人的确是美食的俘虏，正如有人所说："人在万物的生物链条上，属于越高级越堕落、越进化越原始的那一类。"

常言道："鸡吃叫，鱼吃跳。"想那么多干吗呢？

做酸菜鱼一点也不难，传统意义上来讲，就支一大铁锅，用带皮的松木火一烧，酸菜与鱼并同调味统统入锅而炖。但是话说回来，片鱼片是核心技术，因为这个环节考核的是刀功。首先，你得有一把好片刀吧，然后面对一条鱼，不能乱下刀口，应先从脊背处划开，将鱼剖成两瓣，再将鱼骨剔出，紧接着刀斜40度，开始片鱼，真正体验动手操刀的快感。

在我的印象中，吃水煮鱼，吃的就是那种滑腻的鱼肉片。然而我没有选择片鱼片，兴叹刀功刀具不尽如人意，只是选择在鱼的两面开了斜刀口，旨在滚汤入味，也可以顺着斜刀口，将盐、花椒粒与米醋分别洒入腌制。

当然更深层次的原因在于，既然是酸菜鱼，当然是讲究其炖法，保持骨肉相连保持鱼形的完整性，要的就是浓浓的满是肉香骨髓浓的感觉，就味道而言，这是否可以理解为一种圆满的提升。

有人认为，人生有两大创意空间，一为试衣间，二为厨房，我非常赞同。即使同为酸菜鱼，同为烩锅炖，但做法因人而异而奇而新。在食法上，去指责和强加于别人，是一种极不道德的表现。毕竟我们关起门来，自家烹制，自家欢乐，一点也不关于他人，正所谓"淡薄至味足"。

如果在鱼下锅前，用油炝制一下葱段、花椒、姜片与尖椒、八角等，未尝不可。一方面，炝制意在抢先将所需的调味提出来；另一方面，出于我个人的情怀，践行一种味之道的仪式感。试想一下，料下油锅，刺啦一声，冒青烟，葱爆满屋，气氛也一下子活络起来了，温暖一家人的味蕾，这是一种儿时的，来自原乡的村野美食记忆。

当然了，有必要在调味炝制的同时，对酸菜、笋鞭进行翻炒几下，备用。然后将鱼放入冷水锅中，大烧汤煮，水沸开后，变小火，逐步加豆腐、酸菜、笋鞭、粉条、冬瓜片，各种调味料品以及20余粒小米辣。水轻沸，慢炖上15分钟左右，咕嘟嘟咕嘟嘟，等到鱼汤奶白奶白了，味道会多出若干个层次，即可开锅验吃。

在有些人看来，正宗的酸菜鱼是看不到丁点油花的，这就意味着，忽略了用油锅炝制配料配菜的过程，直接用白水煮鱼，过程中才添加各种食材与味料。这样烹制倒也轻奢，没有了油腻，汤底可以直接喝，味道一定是酸酸辣辣的，不过酸菜、米辣的量控制不好，也会砸了美好的汤味。

酸菜鱼，顾名思义，就是"酸菜+鱼"，这应景了当下流行的A+B的思维。如果循因它的发展，这道菜充斥着浓浓的混搭气。1912年元旦前夕，在浙江奉化，一批裁缝聚在一起，赶制一批民国开国典礼的礼服。就这样，他们上演了深夜食堂的一幕：一整天没顾上吃饭了，深夜，这些才气逼人的裁缝饿极了，情急之下，他们在一个水缸里发现了一条螺蛳青，并在另外一个地方找到了一坛酸萝卜。一个宋姓裁缝灵机一动，把螺蛳青片成了鱼片和酸萝卜放在一个锅里煮，胡乱抓了些作料，没想到临时应急，却烹制出了一锅异香扑鼻、口感鲜美的深夜美味。就这样，后经慢慢演变，酸菜鱼成为国民餐桌上的一道佳肴。

还有一种说法，将酸菜鱼的起源拉近到二十世纪九十年代。据说璧山县有一善钓鱼翁，一日钓得几尾鱼回家，老伴误将鱼放入煮酸菜汤的锅里，后来一尝，鲜美至极，渔翁逢人就夸，酸菜鱼也出了名。总之，与民国版本相比，胡乱混搭，是这道菜不变的主题。

"何必怀故乡，下箸厌雁鹜。"现代人如果能像陆放翁那样，放弃文人思想和屠夫精神，静下心来，慢慢享用一顿由自己胡乱混搭的酸菜鱼，那人生岂不美哉快哉？

最后说明一点，这道酸菜鱼我邀请了"90后"摄影师吴天柱一并享用。话说这天柱是西吉人，跟我一样，是吃土豆长大的。印象中天柱是个憨实的娃，话不多，而且说出来打磕巴，但这一点儿也不影响他锐气的表达。有人说，他的眼神好看，有一种不谙尘世的忧郁感。

第一次见到他爬到贺兰山拍的裸体写真照，我震惊了，我连续摇了三天的头："真是想不到，想不到啊……"

后来又听说他"脱"过几次，大多是一个人的时候，反正谁也没有看到。于是，我开始怀疑这小子是不是有裸露症。再后来听说他女朋友反对得不行，屡次遭遇拉黑。有若干次，我感觉他俩的关系濒临绝境了，但每次见到时，看他与对象煲电话粥的黏糊样，打心眼儿里为打不散拆不开的恋爱精神所折服。

天柱有自己独到的思想表达的手段，但这人又太懒，经常说好的事，他给你当耳旁风。在我认识的几个小兄弟中，他是最"失信"的一个，却又是最能博得人欢喜的一个。

作为被我邀请一同享用酸菜鱼的食客，饭间我多次提醒他提提建议，他只埋头大吃，吃完了不吐一个字。后来我干脆说写点文字求表扬吧，至今也没见一个字。这个人啊，在吃货领域上，已经把自己伪装成一个深不可测的大师。罢了。

　　作为报复，我想有朝一日，骗天柱脱光，烹制一顿人体盛宴。让那些恨他的人，和被他骗过的女孩子们，都来下箸品尝吧。

泡滋味

谈起馍与汤，我脑海里闪现出陀思妥耶夫斯基的一部皇皇巨著——《罪与罚》。

事实上，馍与汤就是原罪与本罪的关系，同时，又由于"泡"这个轻佻的字，二者之间又变得暧昧不清。

在农村，最慵懒的吃食，生命力最为顽强，堪称乡间美食中的"小强"或"战斗机"。比如大家熟悉的"糜面馍馍泡开水"，就是西海固农村人酷夏解暑之大法器。

在山里，几乎每个主妇都会做这道简易的美食，当散发着谷草馨香的黄金糜粒，经古老石磨手工推研之后，被悉心的巧妇端上厨案，用滚水开烫，反复搅拌，直至甜腻的米香穿鼻而过。而后将上小下大筒状陶制烙馍罐置入细挑而来的上好铸铁大锅，再将搅拌好的糜面浆糊在罐的四周，用铁铲背捋平，盖上散发着麦秸清新味的草锅盖，大火，慢火，很快即可出锅享用。

农村人上山干活，常常会带上这种特制的糜面馍馍，再背上一小罐凉开水。困乏了，蹲在田间地头，就地泡上一碗，那糜面汤汁勾芡着山野菁华，印证着这个世上最质朴无华的劳作。

如今，离那份慵懒的记忆很久了，不记得从什么时候开始，

"糜面馍馍泡开水"已经成为挥之不去的记忆，即使有鲜美肉菜横刀夺爱，也割舍不了那份绵长的惦念之情。

但是并非所有人都爱吃这种"无脑美食"，我至今记得妻子多年前第一次随我回家乡吃"糜面馍馍泡开水"的情景，刚一下咽，眉头瞬间就拧成了一个大大的结，仿佛在饮一道苦味的孟婆汤，在她看来，好端端的馍，为什么要泡在清汤寡水里？后来婚后我发现，妻子竟然还有一个只吃饭不喝汤的习惯，再后来有了女儿，竟然和她相反，只喝汤不吃饭。这对母女，真是汤汤水水愁煞人。

是的，馍与汤，永远是泡与被泡的关系，谈到这里，你免不了会脸红，就因为这个泡字。

在汉语中，泡是指把一种物体浸在一种液体里，但我们之所以谈"泡"而羞赧不止，那是因为泡这个字还跟妞有关。

我第一次从深山里来到大银川，听人家说泡马子，泡妞，心就不由得狂跳，想法也不由得邪邪起来，后来才明白，泡妞其实就是找对象，意思是两个人花大量精力待在一起浪费时间。也就是说，泡就是挥霍。

法国有句谚语说"美女生在山上，不生在海边"，我想可能法国人觉得山上的妞泡起来更有滋味吧。因为山上的风是甜的，女人的皮肤细腻而有弹性，而一旦到了海边摄盐量比较多，连风也是咸的，不利于皮肤保养。

看过《舌尖上的中国》，细心的人发现有一种美食跨越了两季舌尖，那就是北京的鱼头泡饼，第一集《自然的馈赠》中，其中一道美食就是旺顺阁鱼头泡饼。《舌尖2》中，旺顺阁最主要的鱼头供应水库——千岛湖出镜了。节目播出后，不少顾客慕名而来，品尝这道传奇的大鱼头。试想一下，如果鱼头泡饼一再爆红甚至爆焦，不要说跨越两季，跨三季五季也是有可能的。

我固然没有吃过北京旺顺阁正宗的鱼头泡饼，但前几年在银川市区自强巷吃过一家老北平鱼头泡饼店，因为那时候鱼头泡饼作为一道传统东北美食，没有《舌尖》吹小风也显得籍籍无名，所以吃完印象并不深刻，可能是不正宗，也有可能本人口福浅薄。

在宁夏，鱼汤+N的模式，似乎已经成为食江湖的万金良方。曾经一度高大上的御景回宴推出了鱼汤泡饭，可惜以套餐的形式给顾客呈现，在心里价值上跌了眼镜，而且虽说选用阅海野生花鲢鱼，但此阅海毕竟不是千岛湖，此花鲢鱼也并非人家鳙鱼那个味儿。

要我说，在宁夏，如果用黄河鱼汤泡饭，也许会为宁夏传统美食扳回一股正气。前不久与宁夏餐界的乔文伟聊天，他还特意推荐了这道自主研发的泡饭，作为回宴楼的招牌菜，可贵的是，据说鱼汤里还泡有未经打磨的宁夏原米，保留了大米更多的营养成分，吃一口鱼肉，软糯适口、入口即化。

在宁夏，羊肉汤不泡饼，却泡馍。浓鲜的羊肉汤汁，保留了宁夏羊肉特有的不腻不腥之原味，而馍就是饼，但非西安正宗烙饼，却也比不上旺顺阁柔韧顺滑的薄饼，是宁夏人的茴香饼或三角饼。吃法也没老西安那样讲究，因为谁也没有闲工夫在那掐指头玩，上班之前，大多顺道匆匆忙忙吃上一碗热汤的羊肉泡馍，一整天也霸气十足。

虽说东北人的鱼头泡饼抢了汤界或馍界的风头，但从渊源上讲，西安的汤泡饼（羊肉泡馍）却是鱼头泡饼的鼻祖。而西安汤泡饼的鼻祖又在胡人那里，而胡人，就是西域各国之人，这就是为什么人们将中国饼又叫胡饼的道理。据说那时候的胡人大量来往于大唐与西域之间，在商旅过程中，他们发明了这种快捷的泡面——汤泡饼。

现在看来，外国人不怎么吃汤泡馍，但自从大不列颠及北爱尔兰联合王国人发明了"比斯开"（即饼干）后，西方人的早餐桌上多了一道牛奶泡饼干，当然现在也有人将泡cereal作为早餐享用，那也不错。反正中国人没这个习惯。

总之，世上的汤是万能的，饼也是万能的，就看你会泡不会泡了。

拉拉杂杂做甜食

在以往，盐还能在石头上煮晒，如果可能，鸡精这种东西在海边还可以通过海带来提炼，或者用整块鸡来提取。

但是甜之品糖，只能用时间来熬，有条件的地方用甘蔗熬，而北方人家大多用麦芽熬，这个含糖量高，但是谁舍得用麦子做呢。

到了二十世纪七八十年代，白糖就已经很普通了，我小时候就有指头蘸白糖的经历，原谅我那时的不羁与放纵吧！但这终究还是件奢侈的事，那时候走亲戚串门子，若是用牛皮纸捆上一包白糖，再打上红纸的封条，就很高大上了，用现在的话说，很文艺范儿。

这话说给90后听，肯定似懂非懂，说给六岁的家女听，更是云里雾里。我就举个例子来印证糖在一个时期内是何等的尊贵，比方家里来了客人，都用白糖水招待，条件好点的，还可以升级为糖茶水。

当有一天白糖艳遇水果，那么人类将迎来水果糖的新纪元。

80后大概都记得小时候吃过的各种水果糖，印象深刻的有一种用透明塑料纸包裹的透明糖块，块心有一点红，像一滴大姨妈，人称猫眼糖。现在想想，吃到嘴里似乎甜甜的，但不腻，有股悠远的清香，像是花儿烂漫的味。

还有一种糖，酸酸甜甜，人称老鼠屎，一听这名真心让人甜不起来，但那个年代的孩子们都喜欢。事实上不是所有的时候我们都能吃到这样的糖，只能春节，要么六一。这两大节日对于孩子来说，就是甜果的节日。

童年时代，印象中有一种甜点，现在想想都让人馋得流口水。那就是油果果。油果果不是水果，也不是水果糖，而是一种油炸的面点。

在我们地球上的毛家湾，几乎每一个柴妇都会做油果果，做法比较简单，得提前一天和好面团。

就面团而言，很普通，加了鸡蛋、牛奶和蜂蜜水。在面团不是面团的时候，鸡蛋还是鸡蛋，蜂蜜还是蜂蜜，面粉还是面粉。

然而世界就在于物质的运动。当面团在大铁盆热炕上睡眼惺忪时，人间已绝非明日黄花，我们的面团在一种冥想的作用下，开始充满了气泡，并释放愉悦的香气：一种发酵的田野麦香混合着自然的百花甜，并裹挟着浓浓的土鸡蛋柴香味直扑鼻腔，再加之由于地球上的毛家湾的柴鸡常年奔走于山坡陉屼，以昆虫、青草为食，使得这样的面团高度浓缩了人体心弦与自然的和鸣，想必做出来的油果果，也有种浓浓的健硕的味道。

面团还在发酵，别紧张，混合了蜂蜜或牛奶以及鸡蛋的面团，是有生命的，它在滋长，并以万顷田地的速度充斥并满足着每一个孩子甜蜜的欲望。等到面团膨大到一倍时，就得立刻刹住它发酵的脚步，加入碱水不停地揉啊揉，想象一下，如果你是那个柴妇，就得穷尽一生的意念和爱去揉它。

接下来，把熟油滴进去，将萃取万千菁华的面团和成香香喷喷的油酥面，分成若干小份，用擀面杖把小份再擀成多份面片，然后用刀将面片划成各种规则形状，再在中间用刀拉道口子，做成花式果子。

这看似简单，实际上"拉道口子"是最显功力了，拉不好，面片作废，重新打回面团再来。同时，在我的表述上，"拉道口子"与"做成花式果子"之间，也是少说了好多工序。准确地说，如果是高手，可能不用刀去划拉，而是用筷子轻轻地在面片上拦腰那么一夹，果子就好了。更高的高手，就好比武林游侠，不借助任何工具，而是直接奉献上一双巧手，一张白寡寡的面片不出三五分钟，就会变成一只小小鸟，有时候会是一只翅膀，或者随便一个什么，总之都是你在生活中喜闻乐见的玩意儿。

通常情况下，为了增加孩子的食欲，巧手捏出来的小小鸟是要上色的，其实就是用毛笔彩绘，画出斑斓的羽毛。地球上的毛家湾人用什么颜料画？我只记得大人说是"嫣红"。总之，油果果一年也就吃那么一半次，就算这"嫣红"是毒素，那这毒素早已稀释在了粗茶淡饭的浩渺时光里去了。

说到底，父辈们所经历的，我们永远无法追及，同样地，我们的孩子，也无法体验更无法理解我们这一代人所经历的所有食光。这注定将是一个从吃饱到吃好再到吃得有营养的历程，一切饮食行径都变得那么有趣而疯狂，尤其"吃货"，作为一个物质匮乏时代严重遭贬的产物，在现代食光的打磨与照耀之下，摇身一变，成为一种时尚，一种文艺。

前几日，我在网上看到一则振奋人心的消息，说新西兰一哥们带着啤酒和棉花糖坐在火山口旁，用火山口的火烤棉花糖吃。妈呀，这简直是要让全世界的棉花迷或糖果迷癫狂的节奏嘛……当我将这个消息分享给家女时，她立刻嚷嚷着要吃棉花糖，而且就要吃火山火烤的，这下可难为了我。怎么办？将自己逼上了梁山，可是这梁山不是火山，而是断背山啊。

这个时候，唯一的办法就是转移孩子的注意力，将她从火山口和棉花糖上拉回来，以一种更为绝妙之味道手段驯服她。因此，我灵机一动告诉她，为了庆贺宝宝第六个六一儿童节的到来，爸爸给你做道彩虹甜甜饭，然后再给你用摇圆机摇一串麻元吧。此话一出，果然，孩子不闹了——事实上，绝非如此，而是由一种闹变为另外一种闹，说到彩虹甜甜饭她想到了彩虹糖，说到麻元她想到了麻钱，她既要彩虹糖，又要麻钱。

这也怪不得孩子，从美食上思想跑毛，这只能说明一点，我们大人做的饭没有"卖点"。

想到这里，我决心今年六一要给孩子个惊喜，做顿有"卖点"的大餐。

思前想后，那就做道甜品烩吧，将世间甜美之物一网打尽，并拟了一个"甜食大灭门"的菜名。这听起来很凶残吧，但事实上很萌萌哒。

首先，做一些甜食开胃蔬菜：蔬菜我准备了西兰花、南瓜、小番茄、胡萝卜、青豆等，同时要让这些蔬菜更有趣，比如用西兰花做树，用柠檬片做太阳，用红菜椒做灯笼，等等。对于黄瓜的吃法，多数人认为除了拍扁就是拍扁，我的意思是考虑选一根黄瓜做"水桶"，取中间两寸段，用小匙柄将丝瓤掏空，但将"桶底"的一端不要挖透，另外一端则用小刀削制一对桶耳，然后用一根牙签穿过两耳。就这样，一个传统的"木质水桶"就做成了。上桌前，可以往桶里装点夹心面包条或青豆之类的，也可以塞点米饭。如此一来，平日里打不到眼里的吃食，突然之间因为变得好玩而被孩子争抢享用。

最后，如何兑现彩虹甜甜饭？大量心理学研究表明，不要问孩子们喜欢吃什么蔬菜，帮小家伙做出决定，所以，为了实现这个承诺，我选用了分别代表红、橙、黄、绿、蓝、紫的西红柿、桃子、玉米、菠菜、甜菜根等，做成香甜可口的"彩虹蔬菜"……

当然，重头戏还在于接下来的甜品烩，这道烩的一号食材就是刚才我提到的麻元。

以往麻元是人们放在纱笸里摇出来的，摇得滚圆后，再滚上一层芝麻后油炸，当然也有人工搓圆的，比较费劲。据说现在有懒人发明了摇圆机，我没有见过，想象中应该像福彩摇号那样，机器一旦动起来，麻元也会乒乒乓乓地响起来。

当然了，从烹饪程序上讲，应该先熬煮银耳，连同备好的大枣与葡萄干。因为是做给孩子吃，红枣一定要去核切瓣。这红枣就不要舍近求远了，选用宁夏上好的中宁新枣即可，你一定会喜欢那水分未有尽干且带着浓浓的甘腻的甜。同时葡萄干就选用新疆黑加仑，无籽肉厚，香醇怡人，有葡萄酒的天然芳香，嚼劲十足，适宜顽劣的孩子食用，镇气静神。

等到银耳被煮得黏黏糯糯，汤汁清亮时，再加入黄桃罐头，但不要太多，毕竟罐头这玩意儿既甜甜又酸酸，太多了酸会占上风。与此同时，将提前炸好的麻元倒入锅中，让小沸的银耳汤汁充分浸透，时间不宜太久，防止麻元变糊。当然了，也可以依据每个孩子的口味，配一种以白芸豆、红芸豆、黑芸豆、绿豌豆为主要配料的名为多彩密密豆的即食性小吃。非常不错。

话说这道甜品烩最初是我几年前向我爱人的厨师姑爹讨教的。姑爹出身于传统回族厨师世家，他父亲我们称周爷爷，今年88周岁，耳不聋，眼不花，吃嘛嘛香。姑爹没有开过餐厅，但是在永宁杨和镇邻里街坊间其厨艺颇有声名，每逢过乜贴，亲朋好友都会请他到家里烹菜。每次随爱人混吃时，我都会问这道菜名，连姑爹自己也说不上来，他的意思是，反正小时候家里的老人就这么做，一直吃到大，自己的儿子也是吃这道甜品过来的。如今孙子已经半岁多了，看来还要吃爷爷的甜品长大呢。

真是可惜了，延续了四代的甜品烩，竟然没有菜名，我想干脆就叫周品烩吧。

以姓氏为菜肴命名，绝非偶然。

当年美女厨神董小宛每做一种食品，那种食品就要跟着她姓：她做糖，那糖就叫"董糖"，她做肉，那肉就叫"董肉"。如今宁夏永宁杨和镇周氏姑爹巧手慧心，烹得一手好菜，我想今后凡是他做的美味，就叫周氏茄盒，周氏糖醋鱼，周氏……

试吃是白吃吗

小时候，每次蒸馒头或烙馍时，我们会守在土灶前，等待着母亲用火棍从灶膛里扒出黑乎乎的碱面团，这样的面团可不是白吃的，得口述试吃报告：碱多了，还是碱少了，酸，还是苦，还是甜，得说出个一二三来，答不上来，不仅白白遭受"碱大碱少"的苦酸之刑，而且还挨大人的数落。

通常情况下，我只管独享那焦黄的柴灰味，那时候，就觉得一切面食就应该埋在麦草的灰烬里烧，这样吃起来多香啊。

事实上，母亲也不指望我们能给出什么有价值的参考答案，明明她可以用舌头试碱，或者，完全用鼻子闻闻，甚至掰开面团观色。可是，她宁愿将一份试碱面团掰成几份让我们来尝，享受分食的拙朴之乐。我相信，这是一种世代相传的"古早"行为，也是一种对乡野美食原教旨主义的践行。

所谓试吃，越古早，越是蕴含着某种风险。

试想一下，在中国古代的皇宫里，为皇帝试吃的官员一定是压力山大，就算是一个小面团，"灰大灰小"都不是什么好事，如果再赶上寡人心情不好，便有可能招来杀头之祸。

中国如此，外国也不例外。

早在古罗马时期，就有帝王曾以囚犯进行毒剂实验；或者，逼迫奴隶试吃各种菌类。

中世纪的欧洲国王们也配备专职试吃官。

日本的幕府将军每顿饭用同样的食材"复制"好几份，安排不同的人先试吃，确保没问题。

不做亏心事，不怕鬼敲门，反之，人心惶惶。

二战期间，德国"元首"希特勒，身边就配了12名试吃官，而且都是年轻美貌的女孩子（情妇爱娃也是从试吃官中选拔出来的）。虽说享用的是元首级的伙食，但哪个人不是吃得心惊胆战呢？

谁不怕死啊，怕死的还有美国小布什。在出访英国期间，他还特意带了两特工为他试食每一道菜肴。

如今，试吃由政治手段转为一种时尚，也成为商家推陈出新的戏码。

2014年11月的某一天，李嘉诚投资植物汉堡，在香港举行了一场富豪级别的试吃活动，当然了，充当试吃官的人都是一些有身份的人，被试吃的"植物汉堡"是百分百的天然植物制食品，没有任何动物成分或人工添加。这一带有自然主义色彩的食品革新，显然是向世界上的所有肉汉堡宣战。

植物汉堡试吃，同样具有原教旨倾向，虽说这样的食品由于借助了新科技，在做法上与传统背道而驰，但因其选材朴实无华，对人类生命体系而言也是一种自我完善。

这让我想起了德国哲学家费尔巴哈的人本学哲学和关于自然的

学说，"人由他所吃的东西所决定"，吃糠咽菜与大鱼大肉，在对人的本质的塑造上，并不起到决定性的作用，也就是说，吃什么不重要，反正吃到肚子里，不论是达官贵人还是平民百姓，拉出来的"翔"不都以"坨"来计量吗？

但是，费尔巴哈的精髓并非如此，他是在强调人的生命价值往往通过内涵来体现，同时这种内涵又决定着人应该吸取什么，而不应该吸取什么。

免费试吃还体现了心态的开放性。

韩国礼山农村每两年举行一次苹果试吃节，而且还用苹果制成苹果派、苹果酱、苹果香肠，以及举办苹果树音乐会等丰富多彩的体验活动。礼山苹果已经成为世界品牌。相比之下，中国天水花牛苹果脆、甜，口感又佳，一点也不输于礼山苹果，可是天水人除了种苹果树就是售苹果，就是干不过人家韩国人，原因何在？因为我们没有足够开放的心态和胆量接纳天下宾客试吃，也没有营造出治愈身心的静谧空间，更没有一个人性教育的知性空间。

在中国，试吃意味着不吃白不吃，哪怕拼了老命也要贪一把。

2015年3月的某一天，在陕西西安的一个农产品展销会上，一豆腐加工厂耗时三天制作的上千斤的整块豆腐供免费试吃，市民蜂拥而至疯抢，主办方迫不得已制止。

近几年，随着互联网的发展，试吃这个词多少有点土鳖的味道，取而代之的是更为清雅的"封测"一词。

封测，封闭性测试，是一个来源于网络游戏的专用词。如今，封测被用于生活的方方面面，比如诗人可以搞文字封测，将诗稿拿在小范围内讨论；企业推出新产品，在微信朋友圈里边下红包雨边实施精准测试，事实上我并不看好这种毫无意义的手法，因为互联网上的人，红包一卷，就走人，藏得深，喂不饱。

在餐饮界，封测也就是试吃，同时也是营销的一种手段。最成功的例子，就是孟醒和他的雕爷牛腩的故事。这位"在牛腩餐厅里熏着精油搞先锋戏剧的专栏作家"，从阿芙精油创始人，到先锋戏剧玩家，再到美食达人，简直就是个行行通，练就了一套万能的"幕后法门"。时间在他眼里不是金钱，而是"火候"，光是雕爷牛腩就封测了大半年，这半年来，孟醒不断调整菜品，训练服务，我真是急死人不偿命。而且封测期间只有部分"重要之人"才有幸被请去品尝。就连韩寒在没有被邀请的情况下，携夫人来吃也被拒之门外。这雕爷，也够拽的。餐厅开到这个份上，也是让人醉了。人家的底气完全来自对菜品细节的追求，而且也是花了血本，从香港食神戴龙那儿花了500万元买断了牛腩的秘制配方。

说到这里，不得不提提宁夏餐饮的试吃文化，事实上每家餐厅也是零打碎敲地试过，但也拎不到台面上来。开凉皮店的也要搞试吃，请的人杂草丛生，往往一番热闹下来，大多油嘴一抹，作鸟兽散。略有文采者，拍个照，编段顺口溜发网上就算交差。

餐饮封测在外地不算什么新鲜事，然而将封测概念引进宁夏，朱修浩算是先行者。这个江南人，自从来到宁夏，让宁夏的餐饮顿时有了生机和玄机。

早在半年前，朱修浩就向我透露要开一家以宁夏滩羊为主题的烤肉馆，并征求餐厅名称，我随手给想了几个名，似乎不称他的心。后来传言他去了固原乡野微服食访，再后来听说他的滩羊要"果木烤"了，前不久又听闻快要封测了。

事实上，了解了雕爷牛腩的玩法，对朱修浩的封测手段并不陌生，不外乎请一堆当地的名人达人、美食专家、资深吃货来试吃。吃人嘴软，人家老朱也直言不讳地告诉你，"我的饭可不是白吃的哦"，被邀请了，就得做贡献，至少得提提意见吧，提不出意见，就充当一个老老实实的"小白鼠"，坚决不伸手打白吃的饭，坚决不放下筷子就骂娘。

塞上香小范围封测，请了马江、刘纲、韩林三位试吃官，同时作为诗人吃手，我和杰林也混迹其中。老朱说了，不是什么人他都会邀请的，这话让在座的"官佬们"倍有面子，都在心里鼓着劲儿，一定不辱使命啊，一定……果然，未等菜上齐，个个掏出手机"扫雷"，这阵势，看着老朱那个乐啊，他心里一定在千万次地重复着孟醒的那句话："消化掉我们尚不完美的菜品和服务，还经常发微博夸夸我们，多好！"

一时间，塞上香成为全宁夏最有格调的餐厅，那些未被邀请的吃货，在微信里猴急得嗷嗷叫，"求带"声此起彼伏。好吧，大伙都得憋着，这封测还未完呢，感兴趣，就来观摩，想吃，还得等。多长时间，一周？半个月？三个月？半年？老朱说，不知道。吊死你的胃口。

不疯魔，不成活。在朱修浩的身上，有一股邪异的魅力。他对每一道菜考究到了极致，就连见多识广的网络大咖马江先生都说，吃得他"舌头直哆嗦"，这还了得。

光是羊肉，就有多种超乎寻常的吃法。撸串大家想必都熟知，可是塞上香的串承袭了新疆风味，选取盐池滩羊身上最重要部位的肉，孜然是新疆库尔勒焉耆县出产的特级孜然，红柳枝削尖了穿，正宗果木烤，来上几枝，咬一口，肉的香以及辣椒面、孜然粉的香混合红柳枝独特的清香，真是让人回味无穷。蒸滩羊片虽说同蒸有甘草、锁阳、枣丝，但是吃的还是那个肉的原味，嫩软鲜香，口角生津。

塞上香的椒麻羊头肉清脆利口，大有北京宫廷菜之古早风味。不知道朱修浩注意到过《新编牛羊肉菜》这本书没有，这是一本专门介绍怎样烹制牛羊肉类菜肴的大众菜谱书。光是羊头肉的做法就有10多种，比如白水煮羊头、红汁煮羊头、麻辣煮羊头、椒麻羊头肉、红油羊头肉、麻辣羊头肉、椒茸羊头肉、川椒羊头肉、豉椒羊头肉、陈皮羊头肉、怪味羊头肉、凉瓜羊头肉、回锅羊头肉、酱爆羊头肉、尖椒羊头肉、豆豉羊头等，如果可能，不妨让塞上香的大厨们借鉴一把，争取整出16道滩羊头肉，那气势绝对唬人。

我一向对羊脂和羊脑掩鼻而过，前不久去贺兰德胜某花园式酒店品尝羊宴，烤全羊内软外酥，的确到味，可是后来端上来一盆羊脑汤，实在喝不下去，腥味太冲，不敢苟同。油油腻腻的羊脂更是敬而远之，然而塞上香的叉烧羊肉饭却让我大吃一惊。原来这普通的米饭，普通的羊脂，一叉烧，味道立马高大上。第一日试吃，这饭盛在方方正正的木质手盘里，虽说好吃，但搁置太久就会变凉，影响口感，试吃官们与朱一番热议后，决定改用石锅。第二日又去试吃，果然是小石锅了，糊巴也有了，味道再次颠覆。

在朱修浩的手法中，什么都可以烤，比如雪梨可以烤，芦笋可以烤，年糕可以烤，蛏子可以烤，黄瓜可以烤，就连香蕉也可以烤。但是有多少是果木烤？有多少是炭烤，通常情况下也没人去过问。

对食谱菜名的拟定，朱修浩注重一个精准，什么浇鸳鸯、古法扣全端，什么雪花片汤、佛跳墙，太朦胧，还不如香炸鸡排、新宁夏五宝、蔬菜沙拉来得透彻。我想朱的这种理念多少受西方饮食文化的影响：与其玩太极，还不如老老实实地做精准美食。在菜的品类上，修浩先生提倡轻奢餐，几十道足矣，每一道都极尽巧思，恰到好处，每道菜都在最佳食用时间给你端上来……不要动辄二三百道菜，想样样精，却样样精不了。

与同为试吃官的刘纲相比，我对美食谈不上专注，更谈不上倾财倾心，但是我坚信文字里客观传达的想象力是不可限量的。所以作为一个非职业吃手，我尽可能代表大众做到客观，不带个人偏见。

至于为何越来越写上了美食，那也是误打误撞，自从出版了《野味难寻》，似乎经常被人请去试吃、点化，正如台湾诗人美食家焦桐所言，"白吃白喝这样的机会我怎么可能浪费"，于是乎，吃得多了，就得拿文采给人家回馈，但又不能粗制滥造，得装出有别于普通吃货的样子来，所以逼着你去读书，做笔记，就这样，滋味来了……

朱修浩有别于宁夏的其他餐饮人，他将更多的时间用来读书、思考，他是美食界的思想家，他不下厨，却能赋予每道菜一个鲜活的灵魂。他崇尚滩羊拜物教，这恰恰与我提到的古早与原教旨主义不谋而合：自然，质朴，他深谙海德格尔的存在主义，即美味只有两种存在，那就是一种宁夏盐池滩羊的存在，和另一种是非宁夏滩羊的存在，别无他。

（注：此一时彼一时，塞上香目前已经因种种原因关门了，个中原因不做评说，呜呼，水土不服的历练，让"外来狼"朱修浩铩羽而归，但有一点是值得肯定的，那就是他给宁夏餐饮带来的观念的冲击，仍激荡在每个吃货的味蕾深处。）

香水干不过韭菜合子

北方人对韭菜合子并不陌生。南方有没有呢？有。

去年3月，我在厦门吃到的韭菜合子着实令我吃了一惊，菜妈街31号的韭菜合子，看上去是被层层酥脆的面皮包裹着，做工很考究，像馅包，吃起来香脆可口。不过"老厦门"则提醒，要吃"鹭岛"地道的韭菜合子，还得吃"黄则和"，再配上一杯齿颊留香的乌龙茶，那味道很地道。

瞧，别以为韭菜合子上不了大台面，就认为它是一种乡巴佬小吃，高大上且小清新的厦门韭菜合子给全国吃货上了一课。这就是说，韭菜并非蔬菜大军中的文盲，其实还是很文艺的，而且已有上千年的历史了。大唐诗人杜甫被老大贬职后，被一位多年不见的老友接到家中款待，吃了一顿高配：黄粱米饭+韭菜合子。结果老杜差点被香哭了，干脆提笔写道："夜雨剪春韭，新炊间黄粱。"看来唐朝的韭菜就是好吃啊，它们长在唐朝的大地上，没见过农药，没见过化肥，更没见过大棚……

清代诗人、美食家袁枚在《随园食单》里也写到了韭菜合子："韭菜切末加作料，面皮包之，入油灼之。面内加酥更妙。"这话的意思是，把韭菜切成细末拌肉，加上作料，用面皮包裹，入油锅煎炸。如果在里面加些酥油更好。袁枚写的是乾隆时代青海风味的韭菜合子吧，因为他提到了酥油。然而到了康熙时代，帝王东巡，路上必吃獐狍野鹿、野兔、鱼，同时还有禽蛋、牛奶奶茶、豆腐酱菜、新鲜果蔬等，其实这都不算什么，有意思的是，康熙也喜食韭菜合子。

我相信从小在深山里长大的人，韭菜合子一定是最爱。当然了，在那个物资极度匮乏的年代，并不是天天能吃到这种美食的。我小时候听母亲说春天的头刀韭菜一定要吃——韭菜是种上之后一茬一茬地割着吃，一直割到夏天没法吃了为止。而这春天第一刀，就是头刀，是最香的，正所谓"春食则香，夏食则臭"。以前城里人不在乎这些，现在头刀韭菜反而成了噱头，尤其这个季节往菜市上一走，摊贩们会此起彼伏地吆喝，"头刀韭菜，好吃不贵"，其实哪有那么多的头刀呢？都是从大棚里蹦出来的。

城里人在家做韭菜合子并不难，凭我的三脚猫功夫介绍如下。

先说和面吧，和的时候加入小勺盐拌匀过筛，往面粉中徐徐倒入热水，边倒边用筷子搅拌成絮状，然后揉成光洁的面团，放入盆内，再覆上保鲜膜太阳下静置约15分钟。接下来烹制馅儿，将鸡蛋打散，调入少许水，以及盐、糖搅匀，倒入油锅，用筷子搅散后起锅备用。韭菜清洗剁碎，加入少许十三香，与炒好的鸡蛋拌匀。

包韭菜合子是个技术活。先在案台上撒上手粉，将面团搓成长条状，切成大小均匀的面剂，用手掌按扁，然后用擀面杖擀成圆形面皮，将调制好的馅儿包入（有些地方还加剁碎的油条，馅料更干爽，口感更酥香）。馅要多放，里瓤饱满的韭菜合子才好吃。许多人不会锁面合子，小时候我见农村人用碗口锁，啪的一声扣下去，很霸气，但我还是觉得锁成花边的好看。

煎的时候当然用平底锅，油温起时将包好的面合子放入锅中，中小火煎至两面金黄焦脆，即可起锅。

有一句话怎么说来着？"再厉害的香水都干不过韭菜合子"，韭菜就是蔬菜中的不死妖神，怪不得佛祖释迦牟尼因女尼向农夫讨吃韭菜的行为不太循规蹈矩，就制定了禁止所有的僧尼吃韭菜和大蒜等荤辛菜的戒条。

可现实中有钱人却不信这一套，譬如说王思聪他爹吧，每天早晨吃韭菜合子，吃完嘴一抹就给员工讲梦想，"赚钱赚它一个亿再说"。其实在吃上，"臭气相投"不守戒条的人真不少，据说马天宇爱吃韭菜合子，每次对戏之前都有一股韭菜合子的味，熏跑了好多女搭档。暖男黄磊，大年三十开车满北京城跑，就是为了买上一把韭菜做合子用。佟大为关悦也爱韭菜合子，吃的时候还要刺啦啦地就上大蒜……要我说，吃韭菜合子最好蘸蒜酱，再就着腐乳臭豆腐，来根黄瓜条子，吃完了喝一瓢凉开水，爽。完了你再来闻吧。

鸡粥有道

以前在网上发现"手撕鸡""每知牛"两个词，然后一边喝水一边思考这到底是什么意思？是一只叫每知的牛和一只被撕的鸡？或者是两道菜？后来看了一部名为《last friend》的日剧，原来是指男女主人公宗佐和美知留，日文发音汉译过来就是"手撕鸡"和"每知牛"。

即使故事是悲情的，但那个穿着白衬衫躺在沙发上向"每知牛"忏悔的"手撕鸡"在那一刻，仍旧是光辉的！除却了日剧的阴晦，我只看到了日译汉本身所赋予的明媚。

抛开电影不谈，只是这天，在中国，在西北一隅，一切都跟电影里是一样一样的，人物却发生了转换，我就是那个没有白衬衫的"手撕鸡"！我在等待另一个自己。

冰箱里的那只拔毛鸡躺了两个多月了，是我从郊区一个冷鲜蔬菜市场买来的。

跑那么远买一只鸡，不为别的，就冲着对拔毛二字的好奇。记得当时店大嫂为了向我推荐这只鸡，穷尽了所有的词汇来诠释她的鸡：

"我家自留地里散养的。"

"每天喂食无污染的玉米。"

"拔毛鸡，就是鸡宰杀后不直接用开水烫，而是硬生生地将毛一根一根拔下来。"

我问拔毛鸡与不拔毛鸡在本质上有什么区别时，店大嫂说拔毛鸡香啊，我说为什么香？这么追问，大约只有小学二年级毕业的店大嫂向我翻白眼了："爱买不买，我一个卖鸡的，哪能知道那么多。"

好吧，鸡我还是要买的，就冲大嫂你翻白眼的那萌劲儿。

事实上拔毛鸡是穆斯林特有的叫法，我查阅了《哈乃斐教法一千问》，其中有一问：若沸腾的水中有未开膛的鸡子，此鸡子是否为净？

最正确的说法是不为净。这是艾布哈尼法的观点，并以此定论。如果为了煺毛而将未开膛的鸡子丢进了沸腾的水中，而且停留了污水足以渗入其肉的时间，则此鸡子永不为净。如果水未达到沸腾的程度，而且将鸡子丢入水中的时间只有使热度到达皮肤表面，以使毛孔张开的时间，则以水洗三遍为净。《托哈它威》经如是说。

宗教的说法有其科学的依据。如若鸡宰杀后不掏出肠肚，在烫洗过程中，会把内脏肠肚里的污物加热并鼓胀在鸡的体内，甚至肠肚破裂粪便污物溢出。另外，开水烫后的鸡毛孔敞开，水里的污物也会进入到肉质里面，想想，这样的肉吃到嘴里还算鲜美吗？

因此，吃得干净卫生，身体健康，像日剧里的"手撕鸡"那样，吃完饭穿上白衬衫躺在沙发上，照耀着阳光，生活才能安好。

鸡肉的做法很多，煎、炒、煮、炸、蒸、焖、炖、烧、卤、煲、爆、熘、焯、烩，几乎无所不能。唯独手撕，以煮或卤或炖或蒸为先，若再配上粥，需搬来砂器，烩之为手撕鸡粥，煲味十足。

没有什么依据，能说明手撕的食物比刀切的食物好吃。我想在人类没有发明刀具之前，任何食物都是用来手撕的。想想，我们的祖先手撕老虎，手撕狮子，手撕鳄鱼，手撕狐狸，手撕兔子，甚至手撕蚂蚁，也未见得有多可口，毕竟在混沌的世纪里，"果腹"是第一要义。

然而刀具出现后，食物便有了形，一直到当下，手撕这一古早的手法又被尊奉，从手撕面包到手撕包菜，再到手撕鸡肉，不一而足。

现在看来，手撕鸡肉无外乎基于两点：一、撕家追求撕的质感；二、撕家是个闲人。

不要听信商家如何吹嘘，肉最终还是要一口一口地吃。即使是清真食材，买回家也要好生打理、清洗。由于对热烫之水的禁忌，拔毛鸡从冰箱取出后，先需自然解冻，然后在冷水中浸泡两三个小时，等肉质完全松软时，用剪刀剪开鸡腹，取出内脏肠肚，保留肝肺心胃，其他弃之，或全部弃之。再用水冲洗数遍。不用刀拆解，囫囵放电饭煲中，添水没过即可。

接下来就是备煮料：草果、白果、红枣、八角、荜拨各一粒（颗），草蔻、香叶、当归、姜、蒜各两片（粒），外加陈皮一根，寸长即可，花生米50颗。直接将这些料撒在锅里，或最好包在调料盒里，我的做法是，全部打包塞进鸡肚子里，然后再将鸡腹缝合好。这就是"烂在肚子里"的秘籍。当然了，盐、蚝油是必不可少的，酱油量要适度，少许。

如果不是那么着急，我可能会选择深底铝锅来慢慢煮这只拔毛鸡，但这天邀约了三位激情澎湃的90后吃货，而且据说他们马上要进门了，时间紧，用电压力锅，分分钟就搞定了。

煮好的鸡捞出来不能立刻撕，事实上也太烫，无法下手，等自然冷却后，放在铁盆内慢慢地撕，顺着肉的纹理撕，就可以撕成一小绺一小绺，越细越好，但不要撕成肉块，也不要撕成肉丁，更不要撕成肉末啊。由于接下来要与粥同煮，所以还要把鸡架一根一根地从肉里抽出来。喜欢吃鸡皮的人，请将鸡皮单独撕下来，剥掉皮下油脂，用生抽腌制，备用。所以，那些认为手撕鸡毫无技术可言的人可以休矣。

以上这些完成后，就着手煮粥。事实上可以同步进行。

粥，就是稀饭，伴随着中国最古老的粮食小米的出现而成为中国最为古老的一种饭型。从字面上看，这是个会意字，用两张弓，左右拉开一颗米粒，将它的体积扯大。汉字真是博大，而且还挺幽默的，其实质为水煮稷粟，将其稀化，方为粥。

煮粥没什么技术含量，用砂锅煮，看上去也简单易操作，但深藏奥妙，也就是说，不要以为水沸米化就是粥，砂器最大的好处是，好比一万张弓，在火上不断地拉，不停地撕扯那些米粒，直至软烂馨香。

古人对煮粥用水很有研究，清代知味人朱彝尊在《食宪鸿秘》"粥之属"一文中这样写道："凡煮粥者，用井水则香，用河水则淡而无味。然河水久宿煮粥，亦佳。井水经暴雨过，亦淡。"

当下城里人，取井水河水都不易，唯有自来水，龙头一拧自然来，只是少了朱彝尊这位金风亭长的烂漫粥道。

这天我选的是白米和小米，二者掺和如黄金搭档，久煮之下，粥味奇绝，黏稠可口，既有稻香之鲜醇，又有小米微甜之功效。最后一个环节，将提前撕好的鸡肉并同白雪菇、金针菇各一小束倒入粥中大火快速滚一下，同时加盐调味，再撒上葱花五六分钟即可起锅。

一只被手撕的鸡，傻傻地等待，就等一锅浓香的粥，这就是鸡和粥之间夹着的道——大粥之道，唯有手撕鸡粥完美诠释。粥在最后一刻，其"生命"状态犹如南方人称的滚粥：把新鲜的材料放到粥底之中同煮，原理同火锅，让材料的味道渗进绵滑的粥里。

几个食友个个身强力壮，精力旺盛，光吃肉粥是不是显得有点傻，因此我又配置了几道凉菜，炝拌菠菜，凉拌藕片。有人可能还在惦记那些鸡皮，如果不想将它与肉粥同煮，那么生抽腌透后，再浇上花椒油和醋、蒜汁之类的，也可以当作一碟小凉菜搭配鸡粥享用，嚼劲十足，香味入髓，那叫一个爽。

煎食有几许

如果说写作是于孤独处狂欢，那么，美食写作，就是与舌尖干架。

一个玩分行的，一个写商业软文的，一个以记者的身份混成油条级别的，突然脑袋里整天萦绕着那些刮刮杂杂的味道，是不是不务正业，这不好说，不过若搬出"民以食为先"的先训来，谁说这又不是一件正经事呢。

好在你凄凄切切地写，有人默默静静地读，正是这种心照不宣，便成就了写作的温情。

今天突然想到写写这些年从我舌尖上滑过的那些煎食们。

所谓煎，古意就是指火苗舔着烧，然而作为烹饪手法，煎又意味着一种食物在大火收汁收水的过程中成熟，煎也常用来形容内心温情不足而转为焦心。

了解了煎的意义，我就讲几件与煎食有关的事吧。

几年前，我去上海参加一个与诗有关的艺术计划。时过境迁，人事皆往，唯独上海的美食每每想起，便勾惹得我口舌无端生香。

上海美食万千，整体上甜而鲜，不是十分喜欢，我唯独好上海生煎那一口。

恰恰就是这一口，也因了台湾学者、著名诗人杨小滨。

早些年，与杨先生相识于银川，当时他从台湾赶来参加一个诗歌节，印象中他总是趿着鞋子，有时候拿出唇膏涂抹一下，然而每每酒后，他唱起意大利歌曲《我的太阳》来，就劲儿很足。

如此，在上海我们算是重逢了。

有趣的是，那次我和他被安排在一间客房里，彼此都觉得缘分不浅，相互送书留念。

有一天清晨，起床后，小滨先生说请我吃早点。

由于宾馆就在上海最繁华的淮海路，吃食非常丰富，什么南翔小笼、馄饨、辣肉面、咖喱牛肉粉丝汤、包脚布、臭豆腐、油墩子、排骨年糕等，一应俱全。

那天下雨了，我们两个人撑了一把伞，绕过宾馆，一路沿着街铺"排查"美味。

小滨是"老上海"，在淮海中路长大，所以对这里的弄堂风情比较了解，即使上海发展日新月异，即使他在美国密西西比的一个小镇漂居多年，如今又授教于台湾，但时光仍然泯灭不了他那份暖暖的记忆。

小滨告诉我，来上海，一定要吃生煎。他每次回到这里，都要搜寻着吃上一口方可解馋。

那天，我们最终进了一家并不怎么起眼的生煎铺子。刚一落座，热腾腾的（虾肉）生煎就上来了。原本对生煎充满了好奇，结果端上来一看，嗬，这不就是生煎包子么！

小滨教我吃生煎的方法，他说生煎里有热烫的汤汁，不可一口

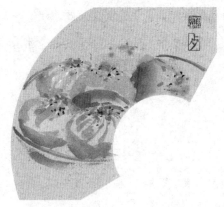

最爱听妈妈往大铁铛里加水的声音，刺啦一声，热闹喧腾，不消片刻，汁多味鲜的生煎包子就出锅啦！

吞食，否则滋出来让你难堪，更重要的是，会烫伤你嫩软的口腔，应先用牙齿轻轻地在面皮上咬个小洞，然后用嘴唇对着那个小洞轻轻地嘬取鲜香的汤汁。

其实说到底，跟我们银川人吃洪家灌汤包子一样，还可以往里面灌上蒜泥或醋汁来吃。

虽然吃生煎的由头各有说法，但对我来说，生煎最好吃的绝不是什么汤汁，其最高潮的部分就是吃那个底托。底托的好坏，直接影响着厨师的声名，如果面团醒不好，油温油量控制不好，要么底托太硬，吃起来硌牙，要么黏锅，吃起来有一股焦煳味。总之，底托色泽金黄，焦香酥脆，肉馅紧实，醇香味鲜，面身松软相宜，入口又有芝麻或葱花瞬间爆香且溢满口腔，方为味道一级的上好生煎。

小滨专程从台湾赶来寻食生煎馒头，让我这个"局外人"也跟上掺和了一把他那暧昧的味道之旅，瞧他陶醉的吃相，暴露了他在近似享乐的、市井的，却又优雅甚至情色的品尝中，追记着"长春食品商店，更怀念一个叫作江汉点心店的鲜美肉包和大同酒家的蚝油牛肉……"。

从烹制手法来讲，生煎馒头与我吃过的生煎包子无大异。只是相比之下，生煎馒头皮略厚，尤其新派做法汤汁更多，底托厚实，而小时候我所吃的生煎包子皮薄无汁，底托浅。

印象中，小时候只有快过年时才能吃上可口的生煎包子，最喜欢将自己的幸福感裹挟在妈妈和面、醒面、揉面、包馅的身影里，最爱听妈妈往大铁铛里加水的声音，刺啦一声，热闹喧腾，不消片刻，汁多味鲜的生煎包子就出锅啦!

吃生煎包子时大可不必恐惧汤汁会突然从嘴角滋出来，狠狠地朝白花花的面皮上咬上一口，混合着肉菜的浓香，那个味儿，就是幸福的味，年的味，也是记忆中的童年味。

通常情况下，我们会将生煎包子的底托保留到最后吃，有时候拿在手里把玩很久很久，才舍得下口。但也有例外的人，比如当时我们村里有个很要好的小伙伴，每次吃完生煎包子，会将酥香脆软的底托偷偷地给我送来，有时候一连攒上一沓子往我口袋里一塞就跑了，至今我想不通，是他不喜欢吃，还是想讨好我?

在银川人的早餐桌上，还有一种煎食，那就是水煎饺子。制作方法与生煎馒头或包子没什么大区别，用的馅也比较单调，根据季节不同，一般都是胡萝卜、韭菜、茭瓜、莲花菜之类的。只是银川人在制作水煎包过程中发明了一个叫"下汗"的词，其实就是刺啦一下往锅里加水的意思。后来我弄明白了，下汗典出牌局，也是落汗的意思，又名开花，通常是一种作弊认牌的手法。

相比之下，在我看来，小小的水煎包烹制的技术含量更高一些，如果厨艺笨拙，馅量控不好，直接影响饺子的外形，再若经不起锅里翻腾，意味着就要演砸了，轻则饺形蹩脚，重则"肚破肠流"，令人食欲陡减。所以一定要做到油清、面薄、馅鲜。

如果说生煎馒头或生煎包子或饺子是典型的中国煎，那么煎鸡蛋则是国际煎。

中国人煎鸡蛋要两面煎，外国人却只煎一面，另一面就让它生着。说到这里，有个笑话，说有一个中国游客出国，外国饭吃不习惯，于是乎就让厨子给煎个鸡蛋，但是外国厨子只会煎一面，于是那游客伸出手心手背给他比画：one刺啦two刺啦，厨子心领神会，很快就煎出了中国蛋。

煎蛋的精华不在那层金黄上，而在于出锅前撒的那一小撮胡椒粉和细盐上。有了最后这一升华，煎蛋吃起来脆香嫩软，回味无穷。

在浩瀚的美食大典里，可打捞的煎食多不胜数，虽说各有千秋，但所谓煎——都离不开一种道具，那就是红太狼的无敌平底锅。

台湾有一种平民美食蚵仔煎，日本有一个漫画家二货组也叫蚵仔煎，这二货是编剧嶋田隆司和作画中井义则，我断定他们是一对超级大吃货，因为他们所创作的漫画人物，都有一个吃货十足的名字，比如金肉人、金肉人二世、斗将拉面男等。

生煎包子在中国至少有500年的历史了，但煎作为一种烹制手艺却有上千年的传承了。

比如茶，在先祖时代，就是一种药，生嚼着吃，到了唐代以后，嚼之茶成为煎之茶，并继酒之后，成为文人骚客借机浇愁的又一万金油。比如北宋大诗人苏轼被当局贬罚后死活想不通，于是半夜跑到江边释放"寂寞沙洲冷"，还写了一首《汲江煎茶》："活水还须活火烹，自临钓石取深清。大瓢贮月归春瓮，小杓分江入夜瓶。雪乳已翻煎处脚，松风忽作泻时声。枯肠未易禁三碗，坐听荒城长短更。"此诗描写了苏轼汲水、煎茶、饮茶等琐碎茶事。现在重温这首诗，想必多数人和我一样，倒不歆羡苏诗人逼人的才华，也不怜惜他在官场上的失足，倒是活水煎茶取深清的福分，就算我们修上八辈子也未必能修得来。

生活中我见过那些农夫山泉泡茶的人，这些人还真以为捧得御泉水，自得自傲，惹人不齿，想想苏轼大爷吧，在煎茶的造诣上，我们真是黯然级别。话说回来，这又怪不得今天的茶人，只因时局不同啊，我们当下眼中的奢望，就是宋人临水煎茶的时尚。

同此，出生于甘肃天水后寓居杭州的南宋诗人张镃也曾写过临水煎白云茶的诗："水西幽寺风光足，山上行云雪色明。不放精英入闲草，夜铛嘉话得松声。""嫩芽初见绿蒙茸，已破人间睡思浓。玉食会当陪上苑，贵名高冠密云笼。"这里的嫩芽，指的就是宋代名贵贡茶白云茶，也就是现在的绿茶龙井。

如今，煎茶的说辞不大用了，替而代之的是泡茶。只是"煎茶"由古时DIY手法演变为一种蒸青绿茶品类。

说到底，生煎美食与水煎茶同为火舌舔制，相比之下，前者煎食果腹，而后者煎食搜肠。

厨师的秘密

厨艺深不可测，那些文化，那些精髓，往往被保留在那些神神道道的古法里。

南朝宋人虞悰著有《食珍录》，全文才不到300字，记录了六朝帝王名门家中最珍贵的烹饪名物，可惜做法不详，太小气了，不知道这吃货当时是咋想的。

《食珍录》中记录，有个姓贾的佐臣，每天拎个葫芦去接河源水，回来放上一夜，隔二天水就变成绛红色，用这样的水酿酒堪称世间一绝，至于什么是河源水？或者说贾王爷接的是哪里的河源水？此水为何一宿之后就会变色？虞悰均没有做详尽交代。

此书还记载了一种鹅的宫廷做法："浑羊设最为珍食，置鹅于羊中，内实粳肉，五味全，熟之。"其实就是流行于大唐贵人的浑羊殁忽制法，将鹅塞进羊肚子里，缝合后烧制再出炉，这样一来，那么到底是吃羊还是吃鹅？震撼地告诉你，古人舍大取小，只吃鹅，而羊作为一种"烹具"使命完成后将遭弃。此法后又有多种演绎，比如陆续有人往羊肚子里填鸭、填鸡、填鸽子等等，再后来，有人又往鸭鸡鸽肚子里填蛋。

由于没有做法的具体描述，谁也不知道六朝帝王吃的浑羊置鹅与后来流行的浑羊殁忽是不是一个味。目前西安、北京一些餐厅还保留了这道宫廷菜，但想来古法早已失尽，只是皮毛制作而已。噱头。

厨艺江湖严谨、复杂，历来烹制遵循师承与古法。正因如此，现代烹饪仍旧保留着古食谱中的"语言规则"。

何为语言规则，其实就是中国人惯用的蒙混哲学。尤其食谱，通常采用一些模棱两可的话来搪塞吃货。比如我们在许多菜谱里经常读到"少许""适量"或"七成"这样的字眼，那么少许到底是多少？多少才算适量？油温七成热是多热？或者说，糖半匙、醋一大匙，请问是多大的匙啊？大蒜辣椒姜丝若干，若干又是多少呢？怎么样才算炒至变色？勾薄芡，奶奶的，多薄才算薄呀？

总之，这是一个系列性的头疼问题，谁也说不清，反正不能多也不能少，就得适量，反正是七成，又不是六成或八成半。总之，一千个厨师，就有一千个"哈雷彗星"，同样一道制法，不同手感的厨师做出来的味道肯定截然不同。

前些日子去银川掌政乡一家老餐馆吃红烧黄河野生鲇鱼，那个味儿，肉滑鲜嫩，鲜香无比，即使星级厨神也望尘莫及。有外地朋友，每次来银川办事，下了飞机，或临上飞机前必然要来这家餐馆大快朵颐一顿。店老板娘告诉我，这道美味她和她婆婆、她男人都会做，但三个人三种口味，尤其她男人做的，最受食客欢迎，换了任何人，都不是那个味。我告诉她：看来你男人完全掌握了"少许"的秘密，即使他没有意识到这个"少许"的存在。

诗人于坚在一篇文章里写道：这个少许也可以说是一种灵感，

你看中国厨师炒菜，就像是巫师在作法，一瓢油下去，火焰直蹿三尺，手舞足蹈，锅跳菜蹦，只几分钟，道已经进入到味里面。他真的是在作法，靠的是经验、灵感、手感，最后达到的是称心。

中国厨子作法表演，戏份很足，西方厨子钻进厨房却像是进了化验室，这个多少克，那个几盎司，什么东西都得上秤称一称。正因如此，据说连曾经挥大棒指挥全球的美国总统布什也能表演一把厨房秀，结果根据食谱，定量定比地做了一份麦当劳，味道完全符合标准。

土耳其在文化认同上是一个无所适从的国家，既不伊斯兰，也不西方，更八竿子撤不到东方。所以这个国家的厨子独自练就了一套偏执的美食经训，前几日凯宾斯基酒店新来土耳其厨子测试一道陶罐羊肉的新菜，我观摩了一下，发现这道菜选用宁夏上好羊腿的小鲜肉，同时配番茄、洋葱心、蘑菇等辅料，还有一堆调味料，一切准备足后用秘制酱料以及黄油搅拌，然后装进一个土陶，用面布将陶口封好，放进烤炉烤上90分钟再出炉。也许是省掉了许多关键环节，整个过程没有烟火，很枯燥，远远没有中国厨子如作法般那么迷人。

好奇心作祟，我向土耳其厨子打探这羊肉里的秘制酱料。结果对方只露出诡秘的笑来，意思是说，那可是土耳其人的秘密哦。反正是秘密的，也不对外人说，到底秘不秘大家也不知道。不管怎么说，那天品尝了这道土耳其传统美食之后，我只有一个印象：甜淡。当我将这样的味觉体验分享给这名只有21岁的来自伊斯坦布尔皇家酒店的90后厨子时，他偏执地说："许多中国厨子都建议添加一些辣椒料，因为这样可以让更多的顾客接受，可是，那还是土耳其菜吗？我不会这样干的。"

这样的执拗多少让我觉得土耳其厨子的可爱、任性。

据说陶罐羊肉土耳其传统做法是将陶罐装在大的土炉里烹制。相比之下，土炉烧出来的羊肉肯定要比电烤炉烧出来的更有味道。

很显然，烹饪自动化的发展，湮灭了人们的创意，削弱了技巧，要知道，"在电烤炉出现前，优秀的厨师只要看一眼火焰的形状，就可以估算出它的热度"的时代恐怕早已消失。

如果说《食珍录》记录了六朝帝王名门家中最珍贵的烹饪名物，而做法不详是有意为之，那么阿比修斯则在西方的第一部食谱《关于烹饪》中故意模糊了描述菜肴的做法，也似乎与中国的虞悰抱有同样的目的，那就是防止他的秘诀泄露出去。

这位罗马美食家，在许多方面做了个坏榜样，他教厨师如何掩饰变质的食物，其中有一个菜谱说烹饪不新鲜的鸟肉时应该加入胡椒、拉维纪草、百里香、薄荷、榛果、红枣、蜂蜜、醋、鱼酱、酒和芥末，然后食客在吃的时候就察觉不出腐坏的味道。这种下猛料的做法，显然就是欲盖弥彰，怪不得中国人的烧烤文化里弥漫着浓烈的胡椒味，原来名义上的羊肉串，事实上你吃到嘴里的却是老鼠肉。

这就是厨师的秘密。

就连"适量""少许"也窜进了《大玩家》的台词中，成为供人们休闲调侃的谈资。

你想让我幸福

可幸福这道菜呢

不是这么个炒法

和咱所有的中国菜一样

都得讲究四个字

少许　适量

你要接受这少许的苦

适量的痛

然后再想办法去添加

少许的甜　适量的热

苦中品甜　痛中找乐

你才会品尝到

人生幸福的味道

聊聊馍

馍有蒸馍，也有烙馍，但通常口头上很少有人这样去说。

即使烙馍就是我们所熟知的馍，可"第一次"正宗地听到"烙馍"这个词，还是三年前。

2012年，在作协的派遣下，我去南京学习了半个月，学习结束后，随一位当地的同学去了趟徐州。

来到这个有着"东方雅典"之称的城市，且不说那些数不清的文化遗产、名胜古迹，光是美食就让我这个吃货眼花缭乱了。

从小到大吃馍长大的我，原本以为馍就是"我们村里的馍"，没想到徐州才是馍的故乡。

起初，同学说请吃馍，我不以为然，心里骂骂咧咧，这家伙太小气，大老远来，就给掰个馍吃啊。

然而当走进赫赫有名的苏锦1号时，我傻眼了。

因为这个世界上几乎所有的馍都是夹肉夹菜，唯独这里的可以夹馓子。我想见识见识，这种馍夹馍式的吃食到底是个什么味儿。

不一会儿，各色大菜上桌了，看得我有点晕乎，其中就有烙馍卷馓子。

看着其他人撸起袖子卷馓子，刷酱，配菜，一套动作下来很娴熟，个个看似馍乡人。

同学悄然耳语，要不要帮忙？我连忙摆摆手，表示咱至少可以用卷春饼的方式试试。

我唯一担心的是，那馍分明是吹之即破的薄饼啊，馓子怎么夹？

然而当烙馍乖乖地躺在掌心，我顿时有了一种顺从感，一种来自大地的麦香味扑面而来，再抓起那些二细馓，握在掌心捏碎，然后撒在烙馍上卷着吃，酥酥脆脆，完全没有北方人炸制的那样"呲呲牙牙"。

"圆圆小饼径尺长，根根馓条黄脆香。外软里酥饼卷馓，送与抗金英雄尝。"

这句流传于当地的歌谣，非常精准地概括了徐州烙馍卷馓子的文化。原来这天下第一馍是有故事的。

战国楚汉争霸之时，刘邦与项羽两人掐架，行军经过徐州，士兵们又冷又饿，但因纪律严明，又不能掠取百姓。英雄此举感动了百姓，于是家家户户开灶烙薄饼，然后卷上馓子送给将士贴身带着。还有一个版本，北宋时，徐州地方百姓特制烙馍并卷上酥香而松脆的馓子，送给抗金英雄……

不管怎么说，这烙馍卷馓子铁定是跟战事有关，跟英雄有关。

看来战争不仅推动人类进步，还推动了舌尖更加诱惑。

如果说，徐州的馓子还有药用之法，是不是脑洞大开：徐州小儿小便不通，那么就吃上一服馓子泡汤吧，再配上延胡索、苦楝子。如果红痢不止，那就再用地榆、羊血炙热后配馓子汤喝下吧。

尤其喝红糖茶泡馓子，非常有利于产后妇女在月子里恢复身子。

在古代，馓子被称为寒具，贾思勰在《齐民要术》中就详细记载了三国两晋南北朝时的寒具，大概意思是说，寒食节吃寒食对人没什么好处，损伤肠胃，还不如把面条提前炸成易于储存的馓子，作为寒食期间的快餐。至于为什么叫寒具，搞不明白。

喜欢吃红烧肉的苏东坡在徐州任职期间，也喜欢吃这种叫寒具的油炸面条（馓子），他在《寒具诗》中写道："纤手搓成玉数寻，碧油煎出嫩黄深，夜来春睡无轻重，压扁佳人缠臂金。"

给每一道所喜之菜献诗，就好比给每一个所爱之女人写情书，这世上恐怕唯有东坡大人了。

在宁夏，馍和馓子都不陌生，尤其在回族家庭里，馓子是传统美食，每个回族妇女，几乎将炸馓子作为厨间必备手艺。

馓子之所以在回族百姓间如此盛行，我想有一个原因值得关注，那就是，封斋期间馓子作为养胃之馐，成为夜间奔忙开斋受喜之人的最佳补济品。这与古人寒具的由来与食法有同工异曲之调。

去年我听说宁夏贺兰有家西北烙馍村的餐厅，一直惦念于心，想尝尝那里的烙馍卷馓子是否有徐州的正宗味。

前不久，周景世荣的周总请客，终于圆了这个重归徐州的美食梦。

是的，和我在徐州吃到的没什么两样，可见这家餐厅的别有用心：工艺精选高筋麦粉，从筛粉、揉面，到擀馍、烙馍，整个过程都是大工本制作，薄薄一张入口，柔软、筋道，来自天然的麦香清雅无比，越嚼越生香，越嚼越有民间味儿，恍惚觉得这馍，就应该是咱大西北的地道吃食。只是如此细致的馓子，干惯了粗活说惯了粗话吃惯了粗食的宁夏人，吃起来真有点张飞叨起绣花针的意思。

西北烙馍村人不甘于传统吃法，在烙馍里还卷上了嫩葱、盐豆子、现磨芝麻盐、豆瓣酱等，同时还让小咸菜助阵，这样一张烙馍结结实实咬下去，豪情绵情全有了，好吃得让人真想跳蹦子。

西北烙馍村的老板人称老乔，早就耳闻，是个用味道讲故事的人。

去年年底我的美食随笔集《野味难寻》出版后，从未谋面，他就将500本书的款通过微信直接转到我名下，不知道这样的信任来自哪里，也许都钟情于美食缪斯之缘故吧。

后来陆续见过几次，老乔人踏实，说起寻吃故事一套接一套，从固原羊头到同心香料，再到石嘴山秘制羊蹄，以至于数千年来馍的变迁……听他讲故事，你得备好手绢接口水。

在北方，烙馍一向是百姓人家粗卑的吃食，小时候常吃母亲在大铁锅上烙的摊馍，我们毛家湾称血馍馍。

每到春节前夕，家家户户宰杀某种牲畜的时候用盆子接血，盆子里撒上花椒什么的。新鲜的血接上后与白面和成糊状，再放到室外晾干，然后用石磨粉碎，俗称血面。有了这些血面，一年四季就有了血面饭血面馍馍吃了。想吃荞面摊馍，取一点血面，再配一定比例的荞面，然后和成稀糊状浇在镐锅里，分分钟一张血面馍馍就摊成了，摊好晾冷了的摊馍再切成菱形下锅葱油爆炒，吃起来有一种土著感。

如今，血馍的味道已经离散而去了，每每想起，只有淡淡的乡愁……

以往我们说，馍就是馍，饼就是饼，事实上，饼也是馍，烙馍，其实就是饼。只是烙馍卷馓子听上去雅气，而饼子卷馓子更像是两个基友在滚床单。

薄饼据说是墨西哥人发明的，玛雅传说，墨西哥薄饼是由一位农民为落荒的国王而做的。

玛雅总归是传说。事实上最早的墨西哥薄饼大约出现在公元前一万多年，用本地所产的干燥的玉米粒制作而成。今天的墨西哥薄饼要么是在石灰溶液里制作而成，这让我想起中国皮蛋的做法。

虽说薄饼起源于墨西哥，但真正发扬光大于美国，也就是说，美国是墨西哥薄饼的后花园。据墨西哥薄饼工业协会（TIA）统计，美国人2000年消费的墨西哥薄饼数量就已高达850亿个，其风靡程度由此可见一斑。墨西哥薄饼美味诱人、历史悠久，在美国纷繁多样的民族面点小吃中独占鳌头。

正因如此，美国人做薄饼生意已经做出了典故。

1904年夏天，美国路易斯安那州即将举行世界博览会，有一个叫哈姆的人得知后，就把自己的糕点工具搬到了会展地。可人们对他的薄饼兴趣不大，倒是旁边一位卖冰激凌的商贩生意红火，很快就卖出了许多冰激凌，就连冰激凌碟子也用完了。如果换作其他人，可能咬牙切齿，恨死了这个竞争对手，然而哈姆见状后，就把自己的薄饼卷成冰激凌筒，就这样，卖冰激凌的商贩买了哈姆的薄饼，结果薄饼冰激凌成为博览会上一道亮丽的美食风景。

哈姆卖薄饼的故事告诉我们，做生意不能小气，也要学会共赢。

如果说馍，徐州人最有发言权，那么谈饼，当数天津人了。

郭德纲有段相声，曾调侃了"非天津卫"的煎饼果子，说那种用白面做皮夹着霜打后茄子般的油条，吃的时候得用火筷子往下捅。事实上这些年来风靡全国的煎饼果子，都是"非天津卫"。在银川街头我吃过为数不多的几次，不喜欢鸡蛋摊在面皮上的味道，只喜欢吃那个"果子"，其实就是用面做的"果箅儿"，或者说是油条。

上海人张爱玲是出了名的爱吃饼。她说阿拉伯面包店有一种薄饼，"一沓沓装在玻璃纸袋里，一张张饼上满布着烧焦的小黑点，活像中国北边的烙饼。在最高温的烤箱熄火后急烤两分钟，味道也像烙饼，可以卷炒鸡蛋与豆芽菜炒肉丝吃"。莫言小说中的人物，经常煎饼卷着大葱别在裤腰上。同样是山东人，作家张炜在《九月寓言》里有大量篇幅写到了山东红薯煎饼，充满了原乡味。

最后，给大家奉献一段赞美煎饼果子的rap。

要要要！切克闹！煎饼果子来一套！一个鸡蛋一块钱！喜欢脆的多放面！辣椒腐乳小葱花！铁板铁铲小木刷！要要要！切克闹！放点面酱些许甜！趁热吃了似神仙！艾瑞巴蒂！黑喂狗！跟我一起来一套！动词大慈动词大慈！我说煎饼你说要！"煎饼！""要""煎饼！""要"切克闹切克闹！金黄喷香好味道！

每个人心里藏着一把牛轧糖

前几日，女儿嚷嚷着要吃牛轧糖，我问什么是牛轧糖，是用牛肉做的糖吗？是不是牛肉干，或者是一头牛。

女儿被我逗得欲哭无泪，她说爸爸，你们毛家湾人连牛轧糖都没有见过啊，真是可怜啊。

女儿今年6岁半，在她面前我经常讲毛家湾的故事，为的是想通过忆苦思甜的方式，教育教育她。没想到毛家湾这三个字，成为小家伙取笑我这个乡巴佬的代名词。

时代变了，我承认，在某些方面的确不如一个孩子。为了瞅瞅这牛轧糖到底长啥样，我跑遍了好多街铺都没有买到，后来去一家大型购物超市，才买到了。包装打开一看，我不禁哑然失笑，这不是小时候吃过的麦芽糖么。

麦芽糖并不陌生。小时候在毛家湾经常见从秦安（甘肃秦安）来的货郎挑着扁担，两个大木箱挑在两头，一头装满花花绿绿的小商品，另一头是换来的粮食或物品。小商品里除了首饰细货、针头线脑，小巧玲珑的杂货之外，还有小食品，比如麦芽糖。要想得到这些，除了直接用现金购买外，还可以用各种物品置换。拿什么换呢？听这些货郎是怎么吆喝的："换糖啦，废铜废铁……换糖啦！""头发换针换线换颜色啦。"注意，废铜废铁、头发等等。当然了，还包括牙膏皮、破鞋底、旧塑料、烂皮袄、鸡黄皮、猪鬃、野刺根等。换颜色是什么意思？这颜色非绘画的颜料，而是一种叫大红的食用色素，有没有毒？不知道，反正老辈人蒸馒头用大红点缀的经验就是这样传下来的。

这糖就是麦芽糖，通常是用货郎自家传承下来的老手艺制作的，看上去呈淡黄色，上面撒着一层面粉，隐隐约约还能看到未能脱尽的麸皮。如果谁要买，货郎会拿出一块薄薄的铁皮，用小榔头轻轻一敲，麦芽糖就敲下来了，上秤一称，不多不少，正是你需要的斤两。这个时候如果不保持足够的矜持，小孩子会早早地流哈喇子。赶紧往嘴里塞上一块吧，咬一口，咯嘣一声，一股又甜又腻又带着大地麦香的味道瞬间轻抵舌尖。

当下超市里的牛轧糖用料比较丰富，奶粉、巧克力以及各种果仁或坚果不等。不过在工艺上与麦芽糖如出一辙。也就是说，麦芽糖乃是牛轧糖的一种。或者说，麦芽糖就是麦芽牛轧糖，如果馅料中有花生，那就是花生牛轧糖了。牛轧糖从某种意义上讲，代言了童年记忆。读过作家苏童的《花生牛轧糖》，记得有这样一个情景——小女孩把脸藏在母亲的怀里，过了好久她终于破涕而笑，拉着母亲往糖果柜台走，女孩说，有花生牛轧糖，我要吃花生牛轧糖……

如今人们的胃口开始倒着往回走，好吃古早的、手工的、粗鄙而质朴的，带有体温的。作为小吃中的记忆之王，牛轧糖也不例外。为了打出自家的特色，许多商家也真是血拼脑细胞了。比如

2016年我去厦门，发现当地有一种叫正浩的牛轧糖，主打台湾风味，用料很严格，选用矿泉水生产。是什么矿泉水呢？网上我看到过一张正浩生产车间的图片，一位工人扛着一大桶农夫山泉往优质全脂奶粉里倒。在糖的选择上正浩也是独树一帜，使用海藻糖，这种糖来自南海一带的生态水层——洁净的海水以及不受污染由原生物塑造而成的海藻糖，有一股阳光般烘暖的甜香味。

最古老的牛轧糖，少不了蜂蜜、杏仁、蛋清老三样，比如起源于中世纪的蒙泰利马尔牛轧糖，不过现在用料丰富了，配方中出现了葡萄糖浆、未发酵面包（马铃薯淀粉、水、菜油）、天然香草香料、芹菜、牛奶、芝麻等。中国人喜欢拿代表长生的花生替代杏仁，这也是传统土法配料。

时至今日，想让牛轧糖的味道"更上一层楼"，让牛轧糖奢华而有内涵，那还得好好花心思。厦门中山路有一家第七铺家的店，牛轧糖因蔓越莓和巴旦木的加盟而美味扎心。蔓越莓是一种来自北美的物种，国内蔓越莓主要来自智利，因为智利的蔓越莓干口味纯正，品质稳定。巴旦木比较常见，就是扁桃仁，皮薄，仁脆。这二者相融合，演绎出别样的风味来。

有人说，中国最好吃的牛轧糖在台湾糖村，甚至有人说一旦尝了糖村的牛轧糖之后，其他品牌的牛轧糖绝对不会再吃了，真可谓"除却巫山不是云"。其实未必，如果真想吃，厦门也有台湾原产的牛轧糖。比如利耕牛轧糖，配料中就有麦芽糖，无水奶油和抹茶，吃起来软硬适中不黏牙。除此之外还有元祖、樱桃爷爷等。樱桃爷爷价位比高，食材筛选严，而且烹制时舍弃机械大铝锅，选用小铜锅熬煮，品味更浓厚，是真正意义上的慢火细活！

　　关于牛轧糖的起源，众说纷纭，有东方版和西方版。东方版表示牛轧糖是明朝状元、朝廷组织部长商辂以米穀、麦芽糖、花生为原料，用牛形模具"轧"制而成的。西方版说牛轧糖是中世纪十字军东征的主要战利品，"可以吃的瑰宝"，法王路易十五走访亲家的伴手礼……

　　觉得超市里的牛轧糖吃起来不过瘾吧，女儿央求我给她做牛轧糖，我只好临时抱佛脚，网上找个视频照猫画虎。

　　做之前，先准备熟花生、黄油、蛋清、全脂奶粉、白砂糖、棉花糖、巧克力粉等配料。然后锅里倒水，加热将黄油化成液体，打入蛋清，加入奶粉和巧克力粉，拌均匀后将棉花糖倒进锅里，不停搅拌，最后用铲子盛出，摸平在油布上，手工整平，用保鲜膜包起来，放进冰箱冷却。

　　由于是第一次操作，我做出来的牛轧糖看上去形状不是很规整，不过女儿的评价是"很好吃哦"！这让我信心倍增。可惜这种夸赞经不起时间的推敲，第二天从冰箱拿出再吃时，牛轧糖却变得异常坚硬，切都切不开，只好下力气用刀劈，我估计是棉花糖熬的时间长了，黄油放少了，或者说奶粉放多了吧。

　　吁，每个人的心里藏着一把牛轧糖，丑也好，俊也罢，就像撒在记忆之胃里的镜子，从每一个棱角映照着一缕缕食之初味。

第三辑　秘食论

妖魔鬼怪吃什么

　　探讨一下，妖魔鬼怪到底吃不吃东西？如果吃，它们吃什么？

　　中国人早在汉代时，通过《庖厨图》在石板上呈现当时烹饪和筵宴的场景，其中"鬼犹求食"的祭祀意义非常鲜明。这种饮食文化一直延绵至今。譬如，中国西海固的农村有一种食物"献锅子"，其实就是土锅子，像现在火锅店里的涮锅。不要以为这种吃法是为满足人们自己的口福而发明的，事实上是在春节、清明节、寒衣节期间，为了祭奠先祖而做的菜肴，有感恩与敬谢的意思。后来，"献锅子"演变为专门给鬼吃的食物的统称，比如有一种和油饼相似却更像飞饼的面点，还有一种油炸出来的面果子，我们也称为"献锅子"。"献锅子"通常用来摆在祭祀祖宗的堂桌上，或被带到坟上……

　　鬼是一种杂食动物，人类吃的它们都吃，人类不吃的它们也吃，比如香火，鬼通常坐在桌子上用手往鼻孔里撩香气。除此之外，鬼还喜欢吃蜡烛，当然它们不生吃的，而是吃蜡烛的烟气，增补阳气——这些鬼界的杂食主义者，时刻准备着重返大美人间。蜡烛是世界上最没有味道的食物，否则就不会有"味如嚼蜡"的说法。

在鬼族，有像《窈窕绅士》中孙红雷那样的暴发户，也有如《国王与小鸟》中扫烟囱的穷光蛋，暴发户吃香火和蜡烛，而没人管的孤魂野鬼只能吃吃泥巴，或吃苔藓枯枝烂叶等不洁之物，估计不好吃，但穷鬼和穷人一样，有一套无坚不摧的精神胜利法：食之不以为苦，反觉味美无比。

由此可见，鬼吃泥，就是混鬼日子。我小时候常听村人讲鬼故事。说有人经过一个沟坎时，突然被鬼魂迷住了，被发现时，人已经被拖进了一个洞里，嘴里还被塞上了红泥。老人讲，红泥是鬼的上好美味，鬼是借人的嘴填饱自己的肚子。为什么说上好呢？因为红泥中含有大量的微生物，可以补给鬼所需的养分。

渴死鬼，喝点水；饿死鬼，吃点米。鬼还有一个嗜好，那就是吃大米。小时候孩子如果失魂了，大人要弄一碗干净的水，一杯用红布包裹的米，三根筷子，等孩子睡着了烧纸钱招魂，嘴里还念念有词，大意是："不论是家神，还是野鬼，给您点盘缠，就不要再骚扰我家娃子……"一般情况下，打发点吃的，饿鬼都会离开。如果没有米，还可以用掰碎的馍馍渣子来代替……孩子的身上到底有没有鬼，民间有一种验证的方法，用香面裹上米供在家堂上，鬼会闻到香味而来，如果第二天一看米没有了，而且现场踩得凌乱，那么，鬼肯定是来过了。

日本鬼受中国鬼的影响，也喜欢吃米。恐怖电影《鬼样少男少女》中，有一个人晚上看到鬼在女生旁吃生米的情景。日本灵异作家木原浩胜与中山市朗所编写的《新耳袋怪谈》中，也有鬼吃米的情景。泰国鬼也是如此。整个东南亚的鬼受中国鬼畜文化的影响深重，都有吃米的现象发生。

当然，也有例外，看过《千与千寻》的人一定会知道，宫崎骏电影里的妖怪爱吃炭烤蝾螈，可能是为了保持人形吧。那么蝾螈是什么？是一种制造春药的原料，它的催情功效，有点像《盗墓笔记》里的西班牙苍蝇。因此，不要说鬼，就连人也喜欢吃蝾螈，在日本江州伊吹山一带，当地人通常用土器来烧制一对雌雄蝾螈，也是岛国饮食一大奇异景致。

有句歇后语，"对着棺材撒谎——哄鬼"。虽然鬼给人的印象很狰狞，但智商多高的鬼也抵不过一个能说会道的人。以前有一个秀才，他骗人的功夫超一流。有一天半夜，一只饿疯了的鬼突然撞进他家，要吃他。秀才很冷静，对鬼说："你要吃我可以，不过咱得把话说清楚，我好长时间没洗澡了，身上又酸又臭，肉也不会好吃，不如这样，既然来了也不能让你空腹离开，给你蒸碗嫩嫩的豆腐吃吧。"没想到这鬼相信了人的话，把豆腐给吃了。临走前还说这玩意很好吃啊，要给家人打包带走一份。从此以后，哄鬼吃豆腐的故事广为流传。

说到这里，《西游记》是绕不过去的话题。唐僧肉是不是好吃暂且不论，总之，妖怪都争着吃也是有道理的。原因我想主要在于唐僧肉里没有瘦肉精、没有膨大剂、没有肉嫩粉，更没有注水，纯天然无公害，纯纯的唐僧味儿。整部《西游记》，远远望去，唐僧就是一堆行走的肉，很干净，很空灵。倒是他的几个徒弟，一个比一个重口味，比如沙和尚就是个吃人肉的家伙，他曾对菩萨说过，"没奈何，饥寒难忍，三二日间，出波涛寻一个行人食用"。而孙悟空却擅长烹制一种叫"棒"的美食，专供各色妖精，否则他不会说，"妖精，哪里逃，吃俺老孙一棒"。猪八戒虽说贪吃吧，相比而言始终吃在正统的路子上。

要说这妖怪的世界，好比人间，也是分三六九等的，不是所有的妖怪都能吃到好吃的。低等妖怪才吃气血旺盛的小孩子，多多少少对修行有所帮助，但要凭运气，运气不好，只能捡个阴阳不谐的太监来吃，次之，骗羊骗驴。所以低等妖怪折腾不出有高格的饮食调调来。高等妖怪，基本上不吃人了，应该是主食天材地宝什么的。从这个意义上讲，《西游记》里的妖怪全是低等动物，跟《聊斋》里的不在同一个段位上。跟白素贞相比，也是小巫见大巫。总之，人肉对于妖怪来说，只是饭后甜点而已。

大侠吃什么

间谍、刺客、特工、卧底、杀手，这些大侠吃什么？探讨一下。

比如电影《赶尽杀绝》里为什么会有个爱吃胡萝卜的杀手？《这个杀手不太冷》里的让·雷诺为什么喜欢喝牛奶？而且这样的镜头反复出现。

也许《头文字D》中的一句台词可以解释雷诺的嗜好："奶好啊，有什么好，又高钙，又有蛋白质，最重要是什么？明目嘛！杀手最重要是什么？双眼。"

如果从心理的角度来分析，作为一个杀手，雷诺必须通过不停地喝牛奶来压惊，给自己精神上赋予一种安全，给观众内心营造一种安逸，包括一些细节的刻画，比如熨衬衫，养绿色盆栽，完全体现杀手的性格——温暖，阳光，善意，不太冷。有点像电影《忠奸人》中那个心有温情厨艺不错的黑手党头目"老左"。

观看这部电影，我注意到一个细节，雷诺喝的是farmland牛奶。这种牛奶银川有卖吗？好像没有，至少我没发现。2011年我在沃尔玛购物广场深圳新安罗田分店看到过。前几年在网上一家进口专营店给女儿买过farmland农佳美奶粉……

喝牛奶其实不是什么稀罕事，电影里的大侠们连纸巾都吃。有部《女间谍》的电影，女反派在一个高档酒店里，将一坨纸巾泡水发大，直接塞到嘴里吃了。如果真相是闪光的，恐怕全世界会发蒙。

电影是现实的镜子，但又不等同于现实，可偏偏有人揪住一些情节不放。

自从007系列火爆后，英国一位学者仔细研究了小说，并推出了《烹饪执照》一书，称主人公詹姆斯·邦德是个超级红肉爱好者，尤其喜欢吃羔羊肉和牛肉。小说中多次出现邦德大快朵颐烤羊肉串的场景。

邦德的日常餐食非常丰富。早餐，他通常吃炒蛋和培根，有时候换作奶油和牛奶。午餐吃龙虾、蛤蜊、螃蟹等等，蛋白质、维生素B_{12}，钙铁锌碘锰铜钴硒，统统有了，符合一个既忙碌又长途奔袭的杀手。

当然了，作为一个职业杀手，邦德每到一个地方，会沉迷于当地美食，比如土耳其的烤肉，法国马赛的法式海鲜杂烩。对于这样的饮食结构，这位英国学者指出，邦德的饮食习惯很不科学。他怎么能不吃蔬菜水果呢？为什么不吃杂粮呢？为什么不戒几天酒呢？

以上这些大侠，他们的饮食既有职业特性，也有艺术修饰的需要，那么现实又是如何呢？

拿美国厨神级的美女特工茱莉亚·查尔德来说吧，她非常推崇中国菜："在中国，人们烹饪的美国食物简直难以下咽，但中国饭菜非常美味。我们一有机会就到街上的饭馆吃中餐，这就是我喜欢美食的原因——我爱上了中餐。"厨师科班出身的她，在美、法上流社会如鱼得水，而且亲自撰写了《法国菜的艺术》一书，提出了"只有将美食视为一种艺术，这个国家才实现了真正的文明"的烹饪观念，震撼了欧美社会，像她这样的专家级吃货，当然是厨神了。不过她毕竟是个二战期间的间谍，有人称"连她做的菜里都满是冒险的味道"，估计不假。

是的，间谍、厨子，永远意味着冒险。比如金正日的家庭御厨藤本健二，虽然酷爱吃寿司的老金为了笼络他，既送貌美女人，又送豪车奔驰，可还是被怀疑为日本间谍，面临软禁或炮决，最后藤本健二不得不逃离朝鲜返回日本。回去后他写了《金正日的料理人》一书，结果大卖。

在这本书中，藤本健二揭示了金正日的菜单：金正日喜欢喝汤，从椰子鲨鱼鱼翅汤喝到竹生鲨鱼鱼翅汤，再喝到鱼翅大海螺汤，连续三日鱼翅百啖不厌，同时还有参鸡汤、雪白汤、狗肉汤等，全是大补。烤系列主要有中国烤乳猪、烤鱼、烤牛排、烤野鸡片、烤山羊肉串等。俄罗斯料理、意大利料理各一种。还有传统土豆冷面、酱鸽、鳗鱼子寿司、艾草麻糬等。饮品以咖啡或洋酒为主，应该还有捷克的生啤酒。蔬菜太少，菜单中只有蒲公英叶子。水果没有列出来并不代表金正日不喜欢吃，否则藤本健二不会大老远跑到中国维吾尔族找哈密瓜和葡萄，也不会到马来西亚、泰国找榴梿、杧果、木瓜等，更不会从澳门给金正日带龙眼……

这个世界上还有一种职业，那就是为间谍做饭，更牛的是，为美国中情局"高深莫测"的间谍们做饭，想想那些好莱坞大片吧……大厨德菲力波干的就是这样一份差使，据说他每天凌晨4时45分准时起床，一头扎进世界上防守最严密的厨房，一直到下午3时才收工。每天，他按要求得准备6道主菜，每周换花样，每月不重复，真是考验脑细胞啊。德菲力波的招牌菜是桃肉无花果拌牛肉，朴实无华，高营养高能量，在家就能做。还有一种意大利烤宽面条，需要意粉、橄榄油、芝士、肉酱、盐和胡椒、沙拉、葡萄酒、薄荷末等，用料复杂，工艺考究，相比之下，在家就不好烹制了。

中国自古不乏厨子间谍。这方面的鼻祖人物就是商朝伊尹，他是奴隶、厨子、汤药始祖、高级间谍、宰相。河南人，从小跟着养父学厨，据说只要他家一开伙，十里八村的庶民都能闻到香味。小厨子也有大作为，后来他从"五味调和"的烹饪要诀里，梳理出了"治大国，若烹小鲜"的治国经略。并被老板派到了夏朝的都城斟郡做卧底。

古代那些大刺客，个个因吃或荣或损。春秋时代的豫让是一个天真悲壮的杀手，为了刺杀赵襄子，这厮"吞炭使哑，暗伏桥下"。结果还是功亏一篑。有人失败，有人成功。同样是春秋时期刺客专诸，被老大派去学厨艺，一不留神成了一代厨圣，尤其烤制的太湖鱼，味道一绝。为了干掉吴王僚，他从铸造兵器的赤堇山搞来一把袖珍剑，藏到鱼肠中，献鱼的时候亲手结果了吴王的命。从此以后，专诸烤鱼名扬天下，至今，武汉襄阳市宜城还有这个名号，而且连锁经营，遍及全国。

战国名刺客荆轲，是个狗屠，即"家贫，客游以为狗屠"。大将樊哙也"以屠狗为事",因此狗肉始终伴随着他们的职业。作为曾经的不良少年,荆轲与高渐离这对基友,经常在饮食店瞎逛,"饮于燕市",装高冷。后来荆大侠在太子丹的邀请下,还吃过炒马肝,甚至吃过弹琴女子的手。太无良了。

　　与现实中的侠士相比,中国武侠小说、电影中的高手显得不食人间烟火,整天飞来飞去,浪迹天涯,拿着剑见到萝卜削萝卜、见到柿子削柿子,奢侈一点的,一进客栈会喊:"有什么好酒好菜,都给我端上来。"不一会儿,店小二会恭恭敬敬地捧上二斤酱牛肉,一壶女儿红,再加三个馒头来。吃完了嘴一抹,扔一大锭银子从来不找零也不开发票。试想,顶级烹饪师黄蓉,酒肉不离口的令狐冲,吃遍自然界,体验荒野生存的洪七公,爱吃水果和鱼的张无忌,偏爱蜂蜜的小龙女,等等,哪个不是吃仙儿呢。

　　不论电影里,还是现实中,瞧人家大侠吃吃喝喝,还像《极限特工3》里的凯奇那样顺带撩妹,令人钦羡吧。可作为普通人,谁也不愿也无机缘置身于隐形杀手的血雨腥风之中。不过想要体验那样的生活,行啊,随便搞台破咖啡机,再弄点任何一种咖啡豆,磨成粉剂后,加入白砂糖,然后再泡杯柠檬汁……就这样,一口咖啡,一口柠檬,躺在自家阳台沙发上,换上一袭黑衣,戴顶大礼帽,配副墨镜,指尖上再夹根雪茄,多带劲儿。如果你是银川人,用大米代替咖啡,磨成粉,加酱油,一个枸杞、红枣、生蒜、土豆拼盘,再配一个肉夹馍,自产自销的"黑手党",很生猛,多地道啊。

爱吃花的人

80后一定记得那个叫《超级玛丽》的游戏。

游戏中的小人顶蘑菇吃了会长大，吃一朵花就会有子弹。这让我想起了美国硬摇滚乐队枪花。

每一个80后都是那个游戏中的小人，如今那个小人都已经吃蘑菇长大了，可依然保持着吃花的习惯。

说到吃花，有一个人物不得不说，那就是金庸武侠小说《书剑恩仇录》中的香香公主。

地球人都知道，香香公主通体香香，主要原因是，她有一个童话般的怪癖，那就是爱吃花花不爱吃肉肉，有时候就是边走边吃，长期享用，如婴孩般原味天真。在她眼里，江湖算个球啊，只有牧羊、采花、觅草、看星星才是要紧的事。人家香香说了：本公主吃的不是花，吃的是清欢。

80年代，农村刚兴起黑白电视机时，我们地球上的毛家湾的人天天看那个游天龙版的《书剑恩仇录》，身边女子们个个模仿香香公主吃花，每年春天，村里折枝声一片，最倒霉的要数杏花了，被一些女子们用来泡水喝，但几年下来，我也未见谁变成了香香公主。

这叫什么来着——人家香香是皇族贵女，内心有大清欢，怎奈你一个吃洋芋蛋蛋的丫头片子所比拟呢？

其实这吃花是有学问的。

据说中国第一个吃花的人是文艺青年屈原同学，他在《离骚》中说："朝饮木兰之坠露兮，夕餐秋菊之落英。"瞧人家诗人早晚各有讲究，先是喝木兰花上滴落的露珠，一天结束时再嚼嚼秋菊飘落的花瓣。两种很励志的饮食手法，数千年来影响了不少闷骚客，至今仍有不少"文艺犯"效仿他。

前不久去一朋友茶舍小坐，对方向我卖弄最新买进的一款茶具，同时神秘兮兮地拿出一个装满了液体的小瓶子，说，用这种水泡出来的茶，一杯卖价高达数百元，我假装犯糊涂，问他，是茶好呢，还是水好，还是茶杯好？他说当然是水更好，言外之意，茶好杯也好。

原来，此水非水，而是汲取了天地菁华的晨露，朋友告诉我，每天清晨他会早早地上山扫露珠，坚持了好长时间。我问，这么贵，有人喝吗？对方摇了摇头，不过他告诉我，此水旨不在售卖，而是为自己的茶舍增添几分清欢味。我想倒也是。

如果说屈原吃花，吃的是一种公务员式的士气，那么清代吃货大才子袁枚则嗜花如命，据说他春天吃玉兰花，夏天吃荷花，秋天吃菊花，冬天吃腊梅。

文人雅士攒在一起，就应该搞点好玩的事来。我非常倾慕《诚斋杂记》中那帮玩"飞英会"的人。

相传宋时成都人范镇有一年在自家院子里建了一个大堂，堂前种了好多花。有一年春天，范镇宴请了10位朋友到家里，大伙先前约定，如果有飞花坠落在谁的酒杯中，谁就要自罚一杯。正说着，一阵微风吹来，花瓣纷纷落下，满堂座客杯中都飞入了花瓣。结果，人人自罚。此事后来被人称为"飞英会"。

虽说宁夏花事比不上宋时成都，但宁夏盐池酒事堪比范蜀公。只是相形之下，打架拼酒全国排行NO.1的宁夏人完全可以再少一些清扯，少一些流俗，岂不更易闲淡地踏入"飞英"之境呢？

要说来，在古代，烹制花宴那都是家常手艺。

《金瓶梅》里的孙玉娥就是个烹饪高手，不仅拿桂花调味，而且还做过一道木樨鱼干。

《红楼梦》里的人怎么着都爱喝合欢汤，而且凡是吃食，都喜欢做成花的样子方可下口，比如有一次宝玉得病了，嚷嚷着要吃一点清鲜开胃的东西，凤姐便找出花色模具来，做了花形的面疙瘩汤给他吃。

老北京人的春食紫藤花饼制作至少可以追溯到明代，当时的吃法是：采花洗净，盐汤洒拌匀，入瓶蒸熟，晒干，可作食馅子，美甚。荤用亦佳。到了清末，《燕京岁时记》中载："三月榆初钱时采而蒸之，合以糖面，谓之榆钱糕。以藤萝花为之者，谓之藤萝饼。皆应时之食物也。"

二十世纪二十年代，有一年春天，民国才女凌淑华请泰戈尔、徐志摩等人在家中赏她的画，据说从老北京街市上买了不少花饼，其中就有藤萝花饼，泰戈尔吃完连说"微软古的"，其他几个泰斗们品完亦无不说妙。

"鲜花称斤卖"，这在云南一点也不奇怪。去年我携妻女同去丽江游玩，一连吃了好几天的花饼，每天将自己撑得芳香无敌。后来我发现银川街头也有售卖云南花饼的，品之，总觉得不是那个味儿，到底花不是云南的花，面也不是云南的面，水更不是云南的水……

银川人最常吃槐花。这是因为，我们生活在一个鬼木之都，所谓鬼木，即国槐。

单吃槐花，太甜腻，所以将槐花与面粉拌在一起蒸煮，出锅后调上辣椒油，撒点盐，吃起来就有一种淡淡的素雅的清香。不过这些年，吃槐花也变得不那么美好了，小小的槐花上，被人嗅出了商机。我曾经打车碰见过一个的哥，据称他的第一桶金也就是那辆出租车就是靠贩卖槐花得来的。

有一段时间，银川人甄选市花，从玫瑰、丁香、互生醉鱼草，选到榆叶梅、黄刺玫，又到金银木、千屈菜、金光菊、蜀葵、马兰等，最终选定为哪种花，我仍旧糊涂，要我说，干脆举全市之力办个万人花宴，让市民们品尝，哪种花味道好，就选哪种担任我们的市花。

有一种花，是花，却也是菜，比如葱花、韭花、黄花、油菜花、蒜薹花等。

这里的葱花不是指切碎的葱段，而是葱真正意义上绽开的花朵儿，通常情况下人们不吃这玩意儿。

太遗憾了，我的经验是，来上一盘葱骨朵，油盐调制，吃起来那真是辣爽辣爽的。依此类推，韭花、蒜薹花也可以如法炮制。

虽说世上所有的花大概都是香的，甜的，唯独这葱花不是，如果当年香香公主走一步嚼一口葱花，那么，她还会是香香公主吗？

吃花在人类眼里是一件浪费而美好的事是吧，可在小猫小狗看来，绝非如此。

前段时间，一朋友告诉我，说他家小狗爱上了吃花。听到这样的消息，特意为这只小狗的幸福指数爆棚而欣慰。

可是后来了解到，小狗吃花或吃草都是为了达到减轻恶心感。这个所谓的恶心感是因为人们常将自己咀嚼过的食物扔给小狗，贪吃的小狗吃了以后，导致在体内产生一种恶心感，因此只能通过吃花吃草的方式来减轻这种感觉。

看来这人哪，真是不识狗滋味。

彩虹这鳟鱼

饮食写作寓言化，为饮食本身蒙上一层后现代主义色彩，在这方面，布劳提根堪称鼻祖，他声称人们的一切，包括生活本身，都发生在西瓜糖里，并且以西瓜糖为原料，可以生产出很多东西，包括他所构想的"我的死"都被涂上了一层古怪的色彩。

也就是说，在这个王国里，西瓜是一切的源头，是万物的终极所在。诗人胡续冬就此曾写过一篇文章，他认为《在西瓜糖里》"一点也不垮掉、一点也不后现代，可爱得完全就是一个童话"。我赞同胡诗人"童话"的说法。

也许受到布劳提根后现代主义"童话"故事的启发，在腾讯儿童洛克王国游戏中，西瓜糖摇身一变，成为虫系宠物，可以进化成糖果，以及糖果甜甜。初级形态为黄色，喜欢种植植物，有时候也像虫子一样，把牙齿都蛀坏了；中级形态喜欢顶着一只西瓜走路；到了高级阶段，糖果甜甜喜欢自己做美食……

除了《在西瓜糖里》，布劳提根还有一本后现代色彩浓烈的书，那就是《在美国钓鳟鱼》，据说是布劳提根露宿于一条河畔时创作的，影响深远，遗憾的是，该书始终没有在中国正式出版。

一直到2014年3月份，豆瓣上一位名为愚小兮的网友陆续发布《在美国钓鳟鱼》部分译稿。可以看出，这是除"西瓜糖"之外，又一部关于鳟鱼的乌托邦式的饮食寓言。

竭力扭曲现实材料使其从现实脱离开来，这是垮掉派布劳提根的旧把式，他声称，《在美国钓鳟鱼》的故事绝不是凭空想象出来的。

任何食材在布劳提根的笔下，都演化为一种意趣：比方说，有一次一条11英寸的虹鳟鱼被一位杀鱼手灌了一口波特酒而死了，"老布"认为，这种反自然规律的死法应该被记载，然而遗憾的是，没有任何记载里提到过一条鳟鱼死于饮波特酒。

如果说，一个从来没有喝过咖啡，没有沾过烟酒和女人的人，他的饮食会是怎样呢？如果屋前屋后，只有辣椒和花椒，还有一溪的黄鱼，如何做到"食尽其材"地烹制呢？

在《在美国钓鳟鱼》中，有一个名为"海曼"的人，他最大的嗜好是吃粗碾小麦和甘蓝。

他从来不去买面粉，而是买上一包百磅装的小麦，回来后亲自用研钵与舂杵研磨。他在自己的小棚屋前种甘蓝，伺候甘蓝就像伺候获奖兰花一般。即使有时候捕上一两条鳟鱼，他也是用生鱼配上粗麦和甘蓝一起吃。生活就是磨麦子、种甘蓝，时而捉上一两条鳟鱼。直到有一天，他老得再也干不动活儿了。

说到这里，我想：彩虹这鳟鱼，我们身边的人了解有多少呢？

有一次，我在网上做了一项"清晨，你愿意和布劳提根一起钓鳟鱼吗？"的普查，结果谁也不会像布劳提根那样，拥有一个超现实主义的大脑，大多数人没有钓鳟鱼的经历，也很少吃过。关于该鱼的常识了解的人更是少之又少。

事实上，虹鳟鱼对水域的要求很挑剔，即使宁夏固原泾源老龙潭冷水区里有这种鱼，然而以牛羊肉下水喂养的虹鳟鱼，虽说肥美，却也稀贵至极，山区的老百姓毕竟不是提倡自然渔法的海曼，想吃上一口，那也得翻翻老皇历。

不过做餐饮的人到底是见多识广，我认识有一个叫老雷的人，陕北人，早年贩粮发财，后来餐饮生意做得很红火。他在网上给我留言，说这种冷水鱼生长期特别长，成本较高，而且野生的不一定好吃，口感也一般。

"由于属冷水鱼的虹鳟鱼的食物链很单一，它的肉质味型都不佳。至于你提到的用鳟鱼假冒三文鱼，这就跟用苹果冒充水果一样，那是骗我们西北吃牛羊肉的人不懂。中国的三文鱼大多由挪威深海出品，为了保证它的鲜度由麦德龙专营，全世界航空公司只要看到麦德龙的三文鱼专用箱都要保证在第一时间运往目的地。至于三文鱼刺身吃法，宁夏没有几个合格的，刀具、砧板、厨房必须专用，温度在几度以下，否则都影响口感。说实话宁夏的刺身我一般不碰，只吃我家的。"他说。

老雷绕了一大圈，最终说他家的生鱼片好吃，不过我是认同的，几年前还参观过他的中央厨房，印象很深刻，不论是刀具还是砧板，一切井然有序……

虽说布劳提根是一位超现实主义的诗人、作家，但通过他的作品，我们仍然窥察到"在美国钓鳟鱼"已经作为一种文化渗透在了美国人日常生活的方方面面了。

作为仙童半导体和英特尔公司的创始人之一，同时也是英特尔前首席执行官兼董事长戈登·摩尔，最大的爱好是周游世界去钓鱼，而且主要钓鳟鱼。

我还记得美国电影《卡桑德拉大桥》里面有个情节：火车上男女主各怀心事去餐车吃饭，女主角问有什么推荐，男主角说虹鳟鱼……

在美国，人们见面都说"你五条了吗？"，大家都在说钓鳟鱼的事，你五条，我五条，好不热闹。原来美国的钓规是，鳟鱼最多一次只能留五条，多余的要放回大自然。

是的，在美国钓鱼不像在中国那样随便，首先要取得钓鱼证，一个普通钓鱼证只能拿一支鱼竿钓，两支鱼竿的钓鱼证需要加钱。

也许有人乐了，说这下可好，有了证就想怎么钓就怎么钓，错了，证上面有各种规定，一旦违反就开罚单。而且美国人根据不同的湖泊或河流，都有不同的规定，比如钓多少，带走多少，放生多少，等等。包括对饵料的要求，鱼钩是否带倒刺，三文鱼和鲑鱼需要特殊的钓鱼证等等，怪不得布劳提根将《在美国钓鳟鱼》写得如此诗意且充斥着强烈的反讽，原来在美国钓鳟鱼还真是"有趣"。

说了这么多，有人肯定会问，你到底吃没吃过虹鳟鱼，吃没吃过啊？告诉大家，吃过。

大约是2007年4月份上旬，初寒乍暖，作为吃货的我跟随一个旅行社的基调员去兰州永登连城小镇，在大美的吐鲁沟就吃过这种虹鳟鱼。

整个旅行充满了后现代主义色彩，一切像是体验在布劳提根的寓言世界里：从银川出发，经过中卫，一直沿着沙漠边缘前行，山野深处，时不时闪过一些小动物，经过鬼斧神工的景泰石林，再过盛产玫瑰的苦水镇，在连城观摩神秘的鲁土司衙门和藏传庙宇，整个人都被一种后现代主义的浪漫情绪所融化。

　　当天黄昏时分，我们到达吐鲁沟。

　　吐鲁沟曾为多民族杂居地区，区内发源于俄博峰的吐鲁河由西北向东南流过。吐鲁沟植被垂直分布极为明显，顶部是丰富的草场，山腰林木矗立，山脚农田覆盖……

　　那天晚上我们住在吐鲁沟宾馆，吃到了连城药王泉里的虹鳟鱼。

　　起初不知道这种鱼，也没尝出什么味来，第二天基调员告诉我关于虹鳟鱼的种种。几天下来，即使攀爬沟坡时艳遇青稞、洋芋和野草莓，但每每想起山野美餐，愈加觉得雪水煨制的鳟鱼的爽滑脆嫩来。真可谓"清流虹鳟鱼……幽谷浓香起"。

　　自那以后，再也没有吃过虹鳟鱼，如果再给我一次品尝的机会，我一定要吃鳟鱼的刺身，而且一定要蘸那种绿芥末……吃到永生不再想它念它为止。

警惕章鱼哥

有一段时间，在微信朋友圈里看到有人在转一篇描述活吃章鱼的广告，出于好奇，打开一看，是一家叫本旌善章鱼城的餐厅。

大致浏览了一下煽动性的图文——对不住了，容许我说句实话，我没觉得有多么特别，反而从内心深处涌起一股恶心。我不是冲着这家餐厅，而是厌恶这种生吞活剥式的残酷吃法。

如果你被这样的吃法诱惑，想去尝试，那么我提醒你一定要慎重，让章鱼哥拥抱你的舌尖，且不说什么生态法则，或道德与信仰高地，而是从生命的自保自洁的意识出发：小心细菌缠身，警惕窒息而亡。

日本是海洋岛国，是全宇宙刺身发源地，在海鲜的吃法上穷尽三生，就连外星人也望而却步。也正因如此，将这个岛国的人推向了生理变态的境地，生吃活剥，向海洋的物种开战，以"舌尖"满足口福为载体，昭示着这个国家不完整的残酷人格。

去过日本的人肯定对这样的场景并不陌生：不知有多少人，向往明石的章鱼，为什么？因为明石的海域水流特别急，章鱼的肌肉特发达，好吃啊。经常在那些料理店里，总会看到一些人端着满满一盘子鲜活的小章鱼蘸着各种酱料生吃。我曾经看过一个视频，小章鱼奋力抖掉身上的酱油，它们的痛苦可想而知。

没去过日本的，可以去北京黑松白鹿看看。也许有人不以为然，搬出人类是万物主宰的一套理论，事实上大家想想，如果人类就是被活吃的对象，那么慢慢咬死和一刀割断你的动脉而死，这二者的痛苦程度是不一样的。

为什么警惕活吃，古代已经总结得很精准了，用孔子的话说，"割不正，不食"。对此，后人有不同理解，《论语通译》：孔夫子认为不按一定方法宰割的肉，不吃。《论语直解》：宰杀时没有按规定的方法割切分解，不吃。也还有人将孔子的这句话理解为：不合常度地宰杀是一种失礼的行为，食物形态也被弄坏了，所以不吃。

我追问了屁颠颠跑去本旌善章鱼城用饭的朋友："口感如何呢？"他得意地说："还好了，我感到那爪子还在吸我的舌头。"我说，你就是欠虐。

其实这种被吸的体验，正是活吃章鱼最大的快感。

前些年看过韩国电影《老男孩》。崔岷植一家人为了章鱼跳得更欢，吃之前会撒些盐，事实上不是真正的欢，而是痛苦。许多人并不知道，这竟然是一项不要命的冒险嗜好。因为章鱼含有大量的寄生虫及滋生细菌，在没有煮透的情况下，尽量少生吃。而且当活章鱼放入嘴中，触须在喉咙里滑动，很容易让人窒息。

吸吮，受虐，快感……为什么人们钟情于活吃章鱼，想必这与性幻想有关。

章鱼在日本是性的象征，在浮世绘的创作中，章鱼与海女经常发生性乱。我在江户时代葛饰北斋的画中，看到过这样的情景：两只章鱼以触手攻击一名海滩上采珍珠的海女，并与其发生交媾行为。在寺冈政美的画中，也有章鱼与艺妓淫乱的场景。在森口裕二的画笔下，一只章鱼伸出了八爪，同时与八位海女交媾，场面十分震撼。不仅如此，受章鱼性文化启发，有人发明了章鱼性用品，有人将章鱼图案文在身上，表明性饥渴……

与之相反，在西方，章鱼则是高贵的象征。

国际沙盘游戏治疗杂志的主编Joyce曾在《厄洛斯（Eros）：章鱼指向的象征意义》中描述了一种"蓝色绸带"的菜肴："年幼时，我在巴西的海边住过，心灵中一直保持着这样一个模糊的记忆：日落时分，出海打鱼的船只回来了，过路的人帮着船夫把沉重的阿拉斯道（arrastao）网拉到岸上，这时沙滩上会残留下一些海藻、绳子之类的东西，还有那些缠在渔网上被拖上岸的沾满沙子的海洋生物。我并没有为这些快要窒息的海洋生物感到难过——它们仅仅是食物而已，而捕鱼则是当地自然秩序的一部分。但是，印象中还是有一些模糊的因素困扰着我。第二天早晨在艾维丽达艾坦兰克（Avenida Atlantica）咖啡屋里，一道叫'蓝色绸带tableau'的菜肴，就是这种略带紫灰色的还活着的海洋生物软软地趴在冰块上。我永远不会形成一种对章鱼的美食嗜好。我宁愿让它活着。"

咖啡屋里出现蓝色的菜肴，因对贵族的章鱼产生怜悯，而放弃鲜食，这就是困扰Joyce的"模糊的因素"。

为什么Joyce要强调"蓝色"，因为在西方，人们通常用"蓝血"来修饰贵族，远古的西班牙人认为自己先祖身上流淌着蓝色的血液。许多人为了彰显自己与众不同，挽起袖管，展示手背手臂上清晰可见的蓝色静脉血管。有一种普遍的认识，章鱼的血也是蓝色的，所以章鱼就是贵族。

如果一个女孩子嫁给章鱼男，就是最大的幸福？我曾经问过一个女孩，喜欢什么样的男生，她的问答很直接："喜欢手白白的酥酥的，能清晰地看到手背上蓝色的血管……"我问为什么，她说凭感觉，没有什么理由，只是觉得这样会让人冲动。事实上这就是贵族症结。

每一个女生都有妄想狂，每一个吃货亦如此，像所有动物一样，人天生就是一个欲望的集合体，所有舌尖上的体验，因受虐而滋长快感，因性幻想而趋之若鹜。总之，生吃活剥，就是丧失人性的完整性，远离生食，终结黑暗之举，让动物体面而生，体面而亡。

纳豆为什么既臭又香

小时候爱吃豆子，总觉得那玩意儿嘎嘣一下肚，就会变成肌肉，长个子。

但村里的豆子品种有限，常见的是豌豆，要么是蚕豆，至于黄豆，十来岁时我第一次见。

我有个舅爷，很小从西海固流落到甘肃镇原县某个旮旯被人收养，一直到50岁上下凭记忆返乡寻亲。那时候，我奶奶还活着。

舅爷来的时候开了个手扶拖拉机，从黄土大塬上带来了黄花菜、花椒、烤烟和黄豆。舅爷是个小贩，寻亲的时候不忘做生意，他把这些留给了我们村的人，走的时候换走了土豆、女人剪下来的辫子、废弃的胶皮鞋底等等。

有一样我记忆深刻，那就是用黄豆做成的豆食，一种闻着臭吃起来香的小吃。

据舅爷介绍，塬上的人每年腊八一过，家家户户便着手做豆食。做豆食得精选上好的黄豆，禁用瘪损的，虫蛀的，以免影响口感。然后放到石磨上碎成豆瓣，拂去豆皮，入锅，边煮边用大木勺搅动，直到快熟时，用铁笊捞起将水沥干。煮黄豆的水也有讲究，井水或泉水，但是塬上条件差，也有人用涝池里的"无根水"，其实就是雨水。据舅爷讲，他家里经常用面汤来煮黄豆，或是利于发酵吧。

接下来，将煮好的黄豆装在筛子里，用棉被包起来放在热炕上，一个星期后，黄豆会散发出浓烈的臭味。仔细观察，若出现一层黏物，就证明发酵成功。不过吃到嘴里，还要历经巧手烹制，巧到哪种程度，因人而异了，总之，还得一个个捏成圆圆的豆食球，然后端到院子里晾晒。吃的时候，再拌上清油，以及辣椒、蒜末、食盐、花椒面，甚至还可以加上肉末，等等。

多香的美食，也是伴随着臭味。豆食我们吃不习惯，尝一口，连连摇头。舅爷却在我们家逗留的一段时间里，每天早晨起来后，边熬罐罐茶，边用馒头就着豆食吃。貌似给我们做示范，可谁稀罕呢。

就这样，随着时光的迁延，我也慢慢淡忘了黄土大塬上的豆食，就连八十多岁高龄的舅爷，也有二十多年没见了。

有一天，妻子下班后从车里拉出个纸箱子来，说现在好多人都吃这个。我说，是豆食吗？从外包装看，的确像黄豆做成的食品。她说是纳豆。纳豆？我还是第一次听说。不过也没什么兴趣。此后，我几乎天天见妻子晚上要吃一小盒纳豆，这种精神影响了女儿，两个女人瞬间成为纳豆迷。

就这样，我最终没能抵挡住诱惑，酱油、芥末拌上，第一口下咽，那个难吃啊，像是在吞一只臭袜子，或是啃一颗腐烂的甘薯。再瞧那发酵的黏丝，仿佛蜘蛛网缠着一粒粒虫卵，让人恶心到吐。妻子和女儿在一旁咯咯地笑，还说日本人吃的时候要打一个生鸡蛋，要不也来一个吧。我一听生鸡蛋，肠胃里顿时翻江倒海，那一刻，感觉人的生命真是到了临界点。

我都不记得是怎么吃掉那盒纳豆的。简直就跟小时候尝到的豆食一样。此后，我再也没有动纳豆的念头，一个月后却有一种莫名的念想。于是趁妻子不在家，偷偷吃了一盒，嘿，没有那么难吃了，而且还真有一股香味呢。接下来，我上瘾了，而且吃纳豆的花样越来越多：拌上紫菜吃，就着米饭吃，淋上德松酱油吃，加上山药吃，不过始终没有尝试加生鸡蛋的版本……原来越臭的东西，越能吃出境界来。

为什么纳豆突然风靡中国，除了纳豆的营养价值奇高之外，我想日本人对美食的尊崇和适度炒作也是值得称道的。为什么《深夜食堂》能把人看醉，而《舌尖上的中国》却将人看傻。原因就在于此。我们缺乏应有的匠心和对自然风物的理解。据说日本人为了拍出《小森林》夏秋篇和冬春篇，在取景地整整驻扎了一年，想想国内那些快餐电影，真是惭愧。

说到这里，纳豆，其实接近于我们的豆豉。包括北方黄土大塬上的豆食，也是霉菌发酵类的豆豉一种。除此，徐州人吃的盐豆，四川的水豆豉，云南的风吹豆豉，都属此类。从做法来讲，中国人至今仍喜欢把豆子煮熟后包裹起来塞到麦草垛子里捂，也有人将煮好的黄豆包裹在稻草里，然后埋在雪下等待发酵……而日本正宗纳豆制法也是离不开稻草的，怪不得日本纳豆起源于中国。

水生比土生高一格吗

古人日常馔饮讲究一个"格"字，其实就是所谓的啖食之美，用现在的话来讲，吃饭的"调调"，即"食格"。

什么是"食格"？熏于常味而偶染于它尔，比如说，喝惯了乡野泉水的农夫，偶尔喝一口马爹利，那就是升格；相反，如若一个吃惯了山珍海味的城里人，偶尔跑到乡下饮一口纯正无污染的山泉水，那也是升格。汪曾祺说，荸荠比土豆高一格，理由是，荸荠是水生的，而土豆则是土生的。虽有情理，但也牵强，毕竟此一时彼一时嘛。

当代烹饪艺术就完全可以打破汪先生的说辞。前不久受一位餐厅老板邀请，品尝了他家美餐，席间端上一盘烤土豆，且不说味道如何，光是烤制与包装就令人叹服，一个个土豆被削成四方四正的立方体，用锡纸包裹入箱烧制，出炉高温热烫，剥开品尝焦脆可口，真是人间美味，往微信一晒，惊起口水四溅，深圳一位诗人说："这下可好，拒绝吃土豆的人，可以改变想法了。"

汪先生无口福享用我毛家湾土豆，如果时光倒流，他一定会说："非也，土豆虽为土生，如若热箱烤之，定会胜过水生荸荠，哦也，西吉土豆扳回一局，我也给你们点赞吧。"

笔生至此，读者兴许不解，其实不是替家乡土豆做广告——退一万步讲，就算是广而告之，又有何妨，拿文字换口饭吃，古而有之，并不降格。

宋人赵令畤笔记小说《侯鲭录》里讲了这么个故事：有个名叫韩宗儒的人，非常喜欢吃羊肉，而且与盖世文豪超级吃货宇宙厨神苏轼先生交情很深。于是，他借机隔三岔五给苏轼写信，苏轼回信后，他就拿苏轼的手迹换钱，买羊肉吃。这事让黄庭坚知道了，见了苏轼就奚落道：古有王羲之以字换鹅，今有老师以字换羊啦！苏轼听完哈哈大笑。有一段时间，苏轼忙于处理公务，韩宗儒一日之内连写了几封信他都无暇顾及，这下可憋坏了韩宗儒，"立庭下督索甚急"，情急之下，韩干脆派一个专人守在苏府门外等候回函，苏轼告诉来人："回去告诉韩宗儒先生，本官今日断屠！"一句幽默，韩宗儒傻眼了吧。哈。虽为趣史钩沉，但对于苏轼、韩宗儒而言，以字换羊并不可耻，反而双双格调齐升。

刚才谈到水生土生，以及有关"格"之升降。那么就此，我再例举两物，即水生的虾与土生的糯稻，这两种食材在不同"食境"下的格调变化。

对于从小吃惯了土豆的我来说，按照汪先生的理论，水生的对虾自然高出一格。对虾引人遐思，在这个崇尚讲故事的商业时代，多少有了几分迷幻色彩，光是关于对虾的名称说法，就很有趣，长于名物训诂及考据之学的清代学者郝懿行在《记海错》说，海虾"两两而合，日干或腌渍"，谓之对虾。民国徐珂《清稗类钞·动物类》这样记录："产咸水中，大者五六寸，出水即死，俗亦谓之明虾。两两干之，谓之对虾，为珍馔。去其壳，俗谓之大金钩。鲜者味尤美。"这两人一前一后，均提到了"两两"，可见这个词，对"对虾"这个名称起到了塑形的作用。

同样是虾，吃法不同，格调也不同。远在唐代，就有吃虾生的说法。唐代刘恂所著的《岭表录异》描述了当时广州人吃虾生的情景：那些甩着长袖，摇着蒲扇的广州先祖们，先在食器里撒上香菜等作料，然后加入适当的酱醋，再把活虾扔进去，食器上盖个热盖子焖上几分钟，待活蹦乱跳的虾安静下来时，揭开盖子，举箸夹之，唼之，果然如刘恂所言，此为"异馔"。这样的生吞食习至今仍在南方沿袭，而且借商业机遇，演绎为特殊的食文化。

有一年四月我在江南某地出差，满街爆竹声不绝于耳，非迎亲娶嫁也非上梁立柱，打听之，原来正赶上龙虾上市，每年这个时候各家餐饮都要为龙虾举行隆重的仪式。不论异馔虾生也好，为虾举仪也好，此另类格调"杠杠的"，这在被土生风物滋养长大的北方人眼里，肯定是不可想象的。

为什么要将水生的虾与土生的糯稻混为"一谈"呢？这当然源于古人对虾的想象。《尔雅·释鱼》中说虾"青色，相传芦苇所变"。到了明代，人们仍然认为"稻虾，是稻花所变"。

这让我想起，记得小时候村口河里的鱼长得壮如水桶，也没人去捕着吃，因为大伙普遍认为那些鱼是人变的——从它们骨骼里能辨别出一张张人脸来。说到底，我们是土生人，吃水货并不擅长。

真正意义上吃虾是后来的事了，先是从饭馆开吃，吃着吃着上瘾了，就吃到家里了。

前几日从超市购来几斤活虾，最鲜美最原味最有"格"的做法就是白灼了，所谓白灼，即直接倒进开水里烫熟，然后观察它们如何发生"化学反应"，虾尾自然打开，身子慢慢蜷缩，颜色由黝黑变白变红。最有"格"的吃法李时珍早告诉我们了，《本草纲目》：凡虾之大者蒸曝去壳，食以姜醋，馔品所珍。中国人在3000多年前就发明了酱油，东汉崔实在《四民月令》中说："正月可作诸酱。至六七月之交，可以做清酱"，那么李时珍的食谱里为什么没有酱油，我想大概这位"濒湖山人"觉得酱油这玩意会将自己带向黑暗料理的边缘吧。

酱油传到日本后，"格"调就变得很高了，目前已经发展为300多个品种，每种酱油都有独特的吃法，据说光是热烹与凉拌就细分很多种，每一种都有详细的说明书供参考。日本的"龟甲万"酱油，已经存活了350多年，成为日本酱油不死魂灵的精神象征。我想，中国人吃虾蘸酱油，恐怕也是源于东瀛人的这种"打不垮撕不烂"的黑暗精神。

为了吃顿虾，我专门跑到街上花30多元买了一小瓶增"格"的鱼生酱油，这种源自日本风味的诱惑，味鲜醇厚，色泽红润，最宜于蘸食海鲜享用，不仅助我找回原料天然的风味，而且还可以令美味在口腔里"滚雪球"，无极限地成倍增大。我一向"重口味"，还得与"点睛"之妙的芥末同食，杀菌辟腥，虽然舌头遭殃，但细嚼紧密瓷实的虾肉，味道再度升"格"。

按照惯例，吃虾喝干白才是王者，这次我尝试用土生的糯稻酿制的爽露爽米酒搭配，味道清冽甘甜，糙醇幽香，别有意趣。据说这款米酒是用孝感城关西门外城隍潭的"龙吐水"酿造的。水是万物之灵，这我相信。

香料被味道所破

　　去年会见一位韩姓茶商，临走前，对方送了几包地椒茶，说是家乡的，尝尝。当时没怎么在意，回到家顺手将茶搁在酒柜上，然后就是长达半年多的乔迁，寄居离银川20多公里的"郊外"，整天心神不定，更别提品茗谈志了。

　　即使这样，我还是养成了闲逛菜市场的毛病。前不久去麦德隆商场琳琅满目的香料柜组溜达，一种品名为FINEFOOD的百里香叶引起了我的注意，这不正是我小时候上山放驴时常见的野地椒么，怎么着，这样的烂绿叶子捣鼓上那么一小瓶就能卖它个百十来块钱？

　　回到家，我的兴致来了，翻出韩老板送的地椒茶，仔细看了看包装，果然是百里香。真没想到毫不起眼的百里香不仅仅是西方世界里的特级香料，而且还可以制成上品茶。

　　我一下子对这种原产于西欧并常用于烹饪的灌木植物刮目相看了，试着泡了一杯，先是透过玻璃杯观察——那椒叶缓缓舒展开来，充满想象力的卵圆形叶片，像一瓣瓣美人的半片樱唇，幽怨地诉说着光影里的一切。凑近闻之，一股特有的辛香味扑鼻而来。没错，就是这种久违了的味道，至今仍延绵于西海固的大山里，唯有闻着这样的香味，仿佛才能穿越层层迷障，破晓天堂，看到了那旧去的夏日光景：每天清晨伴着布谷鸟的鸣叫声，孩子们驱赶着毛驴上山疯野。作为尝遍百草的神农后代，我们可以让古老的食法在日出而作日落而息的轮转中不停地发酵、更替，就连饥饿也变得无比小清新起来，它似乎照亮了人类之所以活着的完整性。

其实那时候我们村并不懂得地椒竟然也可以当作茶来喝，不是列祖想不到，而是我们神农般地尝试过了，并不好，地椒的香草味还是太浓烈，喝到嘴里舌尖都发麻打战，扔给驴，驴也不吃。

相比之下，西海固以毛家湾为代表的山人却将喝花椒茶认作一生的钟爱。我们用来泡茶的水是从村西河滩挑来的井水，那口井至少有一个世纪的光景了，位于荒芜的崖畔下，崖下则是一片浅滩，一年四季水草丰茂。在二十世纪八十年代以前，据说随便在河滩上挖几锹就能冒出一股清泉来，这对于以干旱著称的西海固来说，不能不说是个奇迹。曾经有个什么搞社教的工作组来村里考察，然后用几个玻璃瓶丁零咣当地取走了一些井水样，拿到城里化验后得出结论：这水是好水啊，富含多种对人体有用的物质，可以开发成矿泉水。那时候我们村人的见识少，不懂什么叫矿泉水，都眼泪汪汪地盼星星盼月亮般地期待有朝一日能喝上一口这样的日能水，可是从此就没有了下文。

有一点可以肯定，我们这井水的确好啊，用来泡花椒茶味很纯正，既保持了井水甘冽的特性，又不会影响源自花椒固有的麻香。泡花椒是有讲究的，不能往刚刚开滚的水里撒椒粒，要搁置阴凉晾至半温方可，因为"温则生"，花椒渍水脾性会瞬间复活，水中万有的菁华也一并苏醒，这样的茶，椒香满口，辣味四溢，让人回味无穷。花椒的选择也有说头，如果有条件，当然首选墨绿色的"小鲜肉"，其次就是褐色或黑色的陈年椒，陈年椒大多是从走村串户的香料客那里用白花花的豌豆换来的。

要想尝到鲜茶，并不容易，我们村只有村东阳坡台董良家院后有一棵花椒树，浑身长满了刺，每年春天，树上生出嫩绿的细叶，不久便开出了细小的白花，一簇一簇的，到了夏天结成一簇一簇绿绿的、圆圆的花椒。鲜花椒茶喝起来有一种天然的鲜香味，味道也较为柔和，如果再配上其他的绿茶，既有茶叶的清香又有花椒的麻香，两种香味混搭在一起，实在是浑然天成，胜过一切印度最正统的香料茶。

城里人喝茶，论杯，后来杯就越来越小，现在专注茶道的人钟情于拇指那么大的杯，习惯了牛饮的农村人一向坚持最原始最朴素的饮茶术，尤其喝花椒茶，器物得用腰鼓形的长身双耳陶罐，但是如何喝，在哪喝，什么时候喝，也是有讲究的。也就是说，如果一个农人捧着个大罐子在家里整日喝花椒水，那么这人脑袋肯定被驴踢了，相反，野性的经验告诉我们，花椒水尽可能在田间地头喝，最好待到劳作间歇口渴至极时，捧起罐子仰天长长地饮上了那么一大口，瞬间你会觉得日月增辉无限，什么武夷山大红袍茶、蒙山甘露、百年龙马同庆圆筒古茶之类的统统是浮云，毛家湾的土水渍野椒作为极品香料茶才是茶界的"马卡龙"。

从用途上讲，同样是香料，地椒在毛家湾人眼里只能算个"柴货"，没有人拿它烹煮肉食，也没有人把它当茶喝。后来我发现隔山的人家却有一套成熟的制茶的古法，他们在端午节之时集妻儿老小上山采摘地椒茶叶，采回来后，将带露珠的青叶放入锅中先用白滚水滚一滚，然后快速捞出再搓搓，再洗洗，杀掉一些味，再晒晒，让阳光掠走一些，余下的，才能被井水渍出易被人接受的那个茶香味。当然也有人图省事，直接用大铁锅爆炒至干，我想用这种粗鲁的方式炒出来的茶，未必能保留它的真味，更谈不到什么上品。

这些天我遵照知名作家伍德女士自制咳嗽糖浆的秘方：把三大匙干燥百里香泡入滚水中，再加上蜂蜜，连续喝了几日，效果比任何成药都好。网上一查，地椒果然有此功效，突然觉得一切都在我周围亮起来。

前段时间我在微信里做过一个调查，说五里香、七里香、九里香、十里香、百里香、千里香，哪个更香，结果答案五花八门，不一而足。事实上，这只是一个游戏，谁更香，并不重要，重要的是，作为香料如何尽其能尽其专才是烹饪之王道。

比方说，百里香+有蹄类动物就是天生的绝配，元朝的《居家必用事类全集》中，记烹制驼蹄羹时加入百里香调味堪称圣菜，但这道唐菜几近失传，现在的驼蹄羹，是根据历史资料，由西安市烹饪研究所和曲江春饭店的厨师研究仿制的，因其固有的宫廷身段，很难泡馍般如法推广。李时珍《本草纲目》记载："味微辛，土人以煮羊肉食，香美。"说的意思是，百里香羊肉入味之法，源于民间百姓，所谓味道香美，那是因为地椒折煞了肉中膻气所然。即使李时珍先生如是说了，但至今百里香中餐用法仍不能被广泛普及，只是被一些民间土厨偶尔接纳。

记得两年前，有一次在几个朋友的撺掇下驱车去鄂托克旗棋盘井吃羊肉，本想可能是去街头专供煤贩歇脚用餐的特色小馆，没想到比这更惨，开车从石炭井过黄河越境走了数小时，到达石炭井镇还要摸黑往戈壁滩深处进发，走了好久，远远地看见一片荒芜的漆黑中，有零星几盏灯在闪，旁边有人提醒，说吃羊肉的地方到了。下车后，我环顾了一下四周，虽然什么也看不清，但突然有一种置身于《新龙门客栈》的悲壮感，心想不会进了黑店吧。

好在那天晚上，我自认为吃到了世上最香美的羊肉。作为吃货，用餐期间忍不住向热情好客的牧民问这问那，牧民告诉我，白水煮，没错，事实上还是加了作料的，我一时蒙了。见我满脸疑惑，牧民说，他们的羊草原放养，长期吃一些草原好草，这些草就是天然的作料。那么什么是好草，在朴实的牧民眼里，好草就是羊吃了长肉长膘的草，事实上好草是指一些草原香料植物，比如绢蒿、芳香新塔、神香草、花千叶蓍或蓍草椒蒿以及野生葱蒜类等，当然了，也包括地椒。据说羊群采食地椒之后，其浓烈的香气被羊体吸收，此时宰杀的羊，其肉中便带有了地椒特殊的香味。是啊，这下大家应该明白了，草原羊肉真不是白水煮那么简单了吧。真正的好食材，源于自然，一切味道的平衡，全部由一种既定法则来完成。那些平日里吃到的被狠命添加了香料试图遮掩其糜烂肉质的假象，已经令整个人类蒙羞。

地椒在欧洲，是传统烹饪常用香料，而且其文化内涵更为丰富。2000年前罗马人在农事诗中，就有把百里香作为香料利用的记载。同时作为一种珍贵的助性植物，在古希腊百里香象征着高贵和勇敢，又代表着纯洁的爱情。1967年12月21日在美国上映的《毕业生》，其中由保罗·西蒙演唱的插曲《斯卡保罗市集》当年都是令人朗朗上口的畅销曲：你是否要去斯卡保罗市集/（去买）香芹、鼠尾草、迷迭香与百里香/也望能代我告诉他/他曾经是我最爱的人……在中国，似乎只有周杰伦把百里香唱进了他的《百里香煎鱼》，总之，听起来都有一种暖暖昏昏的感觉。所以劝那些害羞的男人，大块吃几口百里香滋养的羊肉吧，再喝杯辛美的百里香茶，点燃一把地椒草渲染你的浪漫激情，就能鼓起勇气，追求所爱。

粪香何惧

英国艺术史家、小说家、公共知识分子、画家，被誉为西方左翼浪漫精神的真正传人的约翰·伯格有一篇题为《一坨屎》的文章，这篇文章的结尾有这样一段话：

"风向一定转到南边来啦，因为这次我在粪便的气味中闻到了花香。闻着就像是薄荷掺杂着大量蜂蜜的味道。……突然之间，我忆起了，距那时候还远的很久以前，我就记得这两种气味——在那遥远的年代，丁香和屎都还没有名字的年代。"

是啊，丁香和屎都还没有名字的年代，必然是那遥远的年代，当人类的胚芽混淆于人类自身的屎物质时，美是存在的，然而美自身却并不懂得欣赏美的存在。

屎固然是不雅之坨品，因为它是美走向"臭恶"的产物，正因如此，人人自视清雅，试问这些清雅之人，谁没有吃过屎？民间有话：吃屎长大，人人如此。因为每个人会经历属于自我的懵懂时代，尤其当大人不在身边看管，谁也无法保证一个婴孩的辨识力从零一下子爆蹿到100，说到底，在一个乳幼的意识里，屎就是玩具，就是"美味"——你能说你没玩过屎、没吃过屎？

从另外一个角度讲，即使一个成年人，也是时时刻刻在"吃屎"，因为五谷皆从粮食来，粮食皆从粪土来，也就是说，丁香之所以香，是因为粪土所滋养，所谓"鲜花插在牛粪上"，也是真理，而非一句简单的调侃。

迷恋屎，就是迷恋生活。有人常常说日本人变态，其实是一种幼稚的表现。我曾经在一个书摊上，淘到一本由日本人绘制的《大便书》，有图有文，并茂声情，既融合了"寄生虫博士"藤田纮一郎的专业常识，又融合了插画家寄藤文平的风趣手绘，生动地介绍了关于大便形状、质地以及密度等与人体健康的关系，甚至画了很多大便时的姿势与大便质量的关系，读来有趣，顿觉日常恶心的排泄物一时间生动起来，常常被女儿蹲在小马桶上翻阅。

韩国人南浩濯也写过一大堆关于便便的书籍，有兴趣的人，也可以找来读读，比如《便便了不起》《好便便，坏便便》等。

人类史就是屎屎史，法国人多米尼克·拉波特著有《屎的历史》一书，通过谈论文明与话语权力的历史，批判了人类文明就是臭狗屎。书中记述了像萨德那样的变态者，迷恋粪，甚至将排泄物当宝物馈赠于人。书中还提到的太阳王路易十四，坐在马桶上接见臣属是他的恩宠，如同太阳的光辉，他的大便味道也铺盖四方。

据说最近20年间，伯格一直生活在阿尔卑斯山脚下的一个法国小村庄中。濒临消亡的传统山区生活方式令他着迷，并反映在他的作品中。如果我们都能像伯格那样，逃离喧嚣，逃离都市，去往弥漫着丁香与粪土的村庄，去往丁香和屎都还没有名字的年代……寻求生活之道，找回那份稀缺的纯真与乐观，那该多好啊！

是的，屎一定要与恶臭相连吗？风转向时，约翰·伯格从那粪便的气味里不也闻出了花香、薄荷和蜂蜜的味道吗？我们所向往的柏格的村庄不也正是中国的"庄周道"吗？"庄周道"在哪里？庄子早在数千年前告诉你：道不是高大上，道无所不在。庄子还告诉你：道在蝼蚁，在稊稗，在瓦甓……

陈丹青说得好："阅读伯格，会随时触动读者内心极为相似的诧异与经验，并使我们的同情心提升为良知。"

如果我们想通了，粪香何惧，猫屎何惧，猫屎咖啡何惧，象屎咖啡更何惧？

倭瓜瓠子和南瓜

这会儿扯扯南瓜。

不是所有的瓜都是西瓜，也不是所有的瓜都是冬瓜，比如南瓜，它就是南瓜。

南瓜的名字太多了，麦瓜、番瓜、金瓜、伏瓜、饭瓜、倭瓜等等。南瓜叫法也随地名而异，比如南瓜在日本就是日本南瓜；在印度，就是印度南瓜；到了美洲，又被称为美洲南瓜，或西葫芦；在中国，就成了中国南瓜。

中国南瓜，在很早前被称为倭瓜，比如《红楼梦》第四十回，行令时刘姥姥戏说"花儿落地结个大倭瓜"，这倭瓜便是南瓜。倭瓜有两种说法，有人说来源于日本，所以就倭瓜嘛，也有人说倭就是矮，意指南瓜喜欢生长在低矮湿潮之地。

不管什么南瓜，到了地球上的毛家湾，都统统变成了瓠子。

瓠子，毛家湾人都这么称呼南瓜，没有由头，说不上来为什么。

俗话说，清明前后，种瓜点豆。在地球上的毛家湾，南瓜种下以后，不出十天半个月，那嫩秧秧子就出土了，为了防止被鸡吃掉，村民一般会找个东西罩住，小孩子顽皮，会用碎砖烂瓦压住，几天过后再去看，南瓜照样顽强，再压，还顽强，人们就差给南瓜秧挂上秤砣了。

哦，现在想想，我们那里种的全是"于丹的南瓜"。

于丹曾经在《百家讲坛》上讲过一个英国科学家的实验：这帮人为了试一试南瓜到底是不是瓜江湖的小强，于是就在南瓜秧子上不断地加砝码，等到这个南瓜成熟的时候，已经背负了几百斤的重量。这不，最后的实验结果是：把这个南瓜和其他普通的南瓜放在一起，挨个剐上一刀，奇迹出现了，别的南瓜全成了稀巴烂，唯独这个小强南瓜却把刀给弹开了，把斧子也给弹开了，最后，这个南瓜竟然是用电锯吱吱嘎嘎地锯开的……

故事讲到这里，突然觉得于丹这人真应该好好膜拜。

小时候，我们常吃的面有两种：南瓜面和土豆面，一家六七口人，口味不尽相同，老大老二嚷嚷着要吃土豆面，老三老四却坚持要吃南瓜面，南瓜面与土豆面分庭抗礼，搞得母亲很头疼。最智慧的办法是，采取土豆南瓜轮换制。

每次轮到他们吃土豆面时，我将经历我的黑历史，至今仍有土豆恐惧症，尤其汤面中的土豆，简直就像是锯条，真是难以下咽。

相反，只要轮到我的南瓜面时，阳光那个灿烂啊。南瓜都是我亲自蹦跶到南瓜地里摘取的，先祖的经验告诉我，挨个用指甲掐，太嫩的一掐就出水，那种晶莹的汁液，我认定就是一种非凡的水。这种水直到南瓜慢慢变老，指甲掐不动时，才渐渐消失。消失了非凡之水的南瓜，就意味着成熟了，这样的南瓜，含淀粉多，吃起来沙沙的，甜甜的。

南瓜好吃，但大多数人未必知道南瓜蔓也好吃。

通常情况下，一条老藤上会结好多个南瓜崽，营养被均衡之后，会导致都长不大，久而久之，南瓜崽之间会血拼，身板弱的，就慢慢丧失了战斗力，并最终干尸挂藤示众，多可惜啊，还不如扯下来炒着吃了得了。

因此，一些人会将老藤新生的枝节末梢连同新冒出的南瓜花苞摘下来，切成段，再拍扁几颗大蒜，一同炒入油锅，猛火翻炒几下，快速出锅就可以吃了，那味儿，甘苦微寒，清新爽口。

这些年时不时下厨，练就了我一套猛功夫。倘若你随便扔我个什么食材，我都会捣鼓出一道美味来。

有一次，家里只有拳头大的南瓜一只，鸡蛋数枚，妻子大人曰：怎样做出一顿丰盛的晚餐？

接到任务后，我想了又想，决定做一道地球人闻所未闻的美味，那就是"日出南瓜窝"，做法是先将南瓜削皮，切个盖儿，（强调一下，一定要将那个瓜柄留着，这样便于提溜那个盖儿），掏尽瓤脏，然后取三枚鸡蛋打入瓜肚，置于炉灶蒸煮，十分钟不到便可享用，吃起来既有南瓜绵软不绝的清甜味，又有鸡蛋非同凡响的鲜嫩味。

事实上，在诗人眼里，南瓜是沉默不语的"辛德瑞拉"，台湾诗人夏宇有一首《南瓜载我来的》的诗：

一棵南瓜

在墙角

　　暗暗成熟

　　如我　辛德瑞拉

　　起先只是草莓的体香

　　终于发出十万簇的心跳

　　没错，当番茄为自己到底是不是土豆的身份苦恼时，当胡萝卜为自己长大能否成为大棒而纠结不止时，当一畦韭菜穷尽心思为挤入伟哥的情色药谱而闷闷不乐时，只有滚圆酥胸的南瓜不说话，仿佛一位"辛德瑞拉"式的灰姑娘，默默地，期待着她的厨霸王子。

　　在我看来，南瓜之所以在夏宇的笔下不说话，因为它是小强瓢子，是瓜界思考者，也因为它是柏拉图的人。

　　很长一段时间里，因为喜欢吃南瓜，而迷恋美国碎南瓜乐队，虽然这支另类乐队解散了，但那种宏大的金属味至今留存在我的记忆中。

　　好了，今天的南瓜就扯到这里吧。

　　想学我那道"日出南瓜窝"的小朋友，可以与我私下聊经验，也可以学好了晒出来我们一起分享分享。食材是有限的，做法是万变的，我很看好你哦。

　　最后，将我三年前写给碎南瓜乐队的一首《碎南瓜》献给每一位吃货朋友吧。

碎南瓜

　　一定是我爱的人啊，风中疾行

键盘悲苦。一定是闭着眼睛在弹

词语纷纷失重

音乐成为硌脚的石子

我从风景中抠出血色靴印，跌跌撞撞说唱的人

绕过杂草，抽象的绿

落在干燥的柴扉上变得黑白

我翻越了陈旧的傍晚

地窖深处，聚光灯下

有一片编织好的粗糙水域，有一小排的船体

一个远行的人在暗处感染眼疾

小老鼠碰响水管，你的声音里有过这样的声音

猎物，饥饿，一场谋取私利的撕咬

你的声音里也有过带齿的声音

不同肤色的听众踩着残破的音阶进来

只有月光使我不安

近视眼仍在磨好的镜片里安睡

幕布缓缓拉开，你在雾气中修剪果枝

然后手持麻风击打金属的边缘

一个碎南瓜组合

在黑色安息日

听到了水洛因过量的召唤

甜根女皇

这几天突然想起小时候常吃的一种蔬菜——甜根子，掐指一算，至少有20年没吃到了，拿着从网上搜来的图片，问妻子，她竟然不认识。网友的说法也是五花八门，有人说是蔓菁，也有人说是甜菜，有人说是心里美，还有人说是火焰菜，甚至有甜萝卜、莙荙菜、猪蟺菜、红根踏、海白菜的说法。

甜根在日本叫"不断草"，在英国叫"永远的菠菜"，可同样的东西，在中国竟然有如此多的叫法？我想不外乎这些原因：中国地大物博，风土人情繁复芜杂，加之方言俚语五彩缤纷，因此就造成了一千个人眼中的甜根子就有一千个哈雷彗星的奇异景象；另外，甜根颜色鲜艳，如同火焰，加之横切面有数层美丽的紫色环纹，充满了杀气和妖媚，这就给人们平添了几许魔幻，似乎唯有以多种诡异的方式为它命名，才能诠释和彰显国人面对一块甜根所激发出来的诗情，似乎唯有这样，方与《指环王》里的十八般造物"有得一拼"。

光是我们地球上的毛家湾村，关于甜根就有多种说法，比如上村人称红根子，下村人称甜羹，东坡人称洋蔓菁，西洼人称厚皮菜，不一而足。

就算甜根是蔬菜王国里的野兽、女皇，在我们村，也只是被一部分庄户人零敲碎打地种，由于它喜阴而生，所以那些容易被雨水浸润的洼地就成了首选，生命的恣肆时常显现在那猩红与翠绿交相辉映的枝叶之间，仿佛血脉贲张，令万种农法瞬间失效。

每年秋季，当一切粮物稳妥归仓后，人们才会扛起锄头去田间收甜根，这是一场险被遗忘的较量，也是一种散漫的交融。对于孩子来说，锄头显然是多余的，我们通常一口气冲到地里，直接像拎住兔子的耳朵那样拎住甜根叶，音不搭调地高喊着"拔萝卜"的号子，瞬间，一分地也会被掀个底朝天，那些红红的块根，像是刚从大地的身上剐出来的肉块，再看看孩子们的手上，沾满了血腥的菜汁，整个过程就是一场染料艺术的屠宰。

纵然甜根有多种吃法，但记忆中只有三种，或水煮着吃，或切成碎粒，晒干，拌入炒面，或磨成粉面，以饮品冲汁。

煮着吃甜根相当于煮着吃土豆，在方法论上是通用的，只是与土豆相比，甜根剥皮时一不小心就会掉一圈，这种由天然质地造成的蚀损，让甜根顿时充满了中世纪的沧桑感。相比之下，如果有人能吃一盆煮土豆，但未必能吃得了一盆煮甜根。历史的长河中，人们总是乐此不疲地为种种食材书写"幻游传"，可是蜜过就是诛杀，甘美未必就是福分，极乐的另一面往往就是极险。

甜根不像土豆那样易储藏，毛家湾人通常以自然烘晒与人工焙炒的方法来锁住它的原香，并通过与麦粉的绝爽搭配，来提升它源自地中海岸的绚烂。西部的太阳虽说热辣，却也饱含诸多不舍的情绪，经太阳烘晒后的甜根多少收敛了几许跋扈与轻狂，等待它们的，是一次古法的践行。

比方说，从麦客族那里延续下来的炒面干制手法中，演变、融合了新的食材。我们村这些神农氏的后代，吃过的炒面以清香的莜麦粉为主，辅以干锅烘出来的麻籽，吃起来麦香丰腴，烟香浓郁。当年，遇上三年自然灾害饿得双眼冒金花，村人踏破山野掘地三尺寻食材，以各种杂草和籽粒，尝试与炒面混合干制。不过归根到底，往炒面里加烘晒过的甜根干或者加盐制过的肉丁才是王道。

当"三月不知肉滋味"成为一种生活常态时，炒面加甜根干的甜炒面便成了我们当年的偏爱。那时候，糖作为一种工业文明的食品，极少出现在庄户人家的餐桌上，所以什么是甜，人们只能从满地的南瓜中去寻找，有时候也从杏肉的酸与涩中体味，但似乎都不是想象中的甜，因此，作为糖分的专家，甜根的滋味才是真正意义上的甜。甜根磨成粉的食法，更像是冲豆浆，或者说喝咖啡……其实我们把它当作糖稀来喝。

如今甜根粉作为天然的植物染料，网上价格不菲，国产的一般较便宜，但台湾的一斤300元上下。这些甜根粉都是用最先进的科技最牛的机器捣鼓出来的，不过我想，恐怕还是没有我们毛家湾的用石磨推出来的好吃吧。

甜根看起来血腥妖媚，但味道确是美得没法说，何况这玩意儿又是治疗血液疾病的重要药物，有"生命之根"的美称，古希腊人把甜根作为供品奉献给太阳神阿波罗，爱与美之神阿芙罗狄娜以食用甜根来美容。

以往我们只收获甜根，而将甜根叶捋下来喂驴吃，因为这种叶有涩味，纤维很多，味道没什么特征，其实错了，甜根的叶子含高钾，对于改善心脏病颇有良效。

那么如何吃不适合腌渍的甜根叶呢？我的建议是，如果打蔬果汁，可将叶片洗净一同搅打。另外，也可以参考日本人玉村丰男在《全球蔬菜纪行》一书中写到的办法：将甜根叶跟有油汁的肉类一起煮，等肉味渗进去，叶片就会变得很好吃。

甜根含有多醣体，而多醣体是免疫细胞的军粮，可加强免疫的功能。为了稳住生活物资，也基于战略需要，拿破仑曾公开悬赏发明食品，在他的力挺下，不仅诞生了世上第一瓶罐头，而且还利用甜菜根制糖，1575年，拿破仑提供3.2平方千米的土地和百万法郎的补助款推动甜菜生产计划。1812年法国设立第一间糖厂，很快扩增到40间，自此以后，拿破仑的甜菜糖大量生产，使得砂糖价下滑，老百姓也能买得起了。

自从甜根在欧洲大陆大力种植加工生产以来，甜根产业与寻常命运挂上了钩，高尔基童年时代在特烈普凯田庄就种过甜根，摆脱了饥饿处境。捷克作家什马切克曾在甜菜糖厂工作，著有《在切割机旁》《工厂的灵魂》等。二十世纪美国著名诗人威廉·斯塔福德，早年当过甜根种植工、炼油工和建筑工。1984年，莫言的四叔在赶车送甜根的路上，被给乡党委书记送建筑材料的卡车碾压无辜死去……甜根也是非正统力量的象征，在《甜根女皇》这部小说中，女主角多特性格、外貌、才艺并非出众，然而在厄德里克的笔下，她却颠覆正统，成功逆袭，在一次嘉年华的狂欢会上获得了"甜根女皇"的桂冠。

　　现在，城市人想吃点甜根没那么容易，我逛过好几个菜市场，都没有寻到，本想老家乡下应该有人种，想法子捎点过来，可惜这些年移民搬迁，许多庄稼人遭受离散之苦，谁都没有心思去种这种可有可无的"嘴头子"了。

　　即使如此，一杯红酒配甜根，仍然是我理想中的生活美味。可是，红酒有了，甜根在哪里呢？

苦豆或者葫芦巴

在这个世界上，喜欢吃花卷的人肯定多于吃馒头的人。因为馒头只是个面团团，内容空洞。同样是面点，花卷却像花一样绽放，味道也远比馒头更有层次感。

一个丰富多彩的花卷捧在手里，心情愉悦，好吃，也是有道理的。

花卷之所以味道优于馒头，主要原因在于对香料的选用，从而进一步提升了它的食格。

即使现代的城里人在馒头和花卷之间选择更有优渥感，但想吃到用老面通过古法烹制的老花卷并不容易。

我出生于中国西海固深山边陲，与陇地交界，1958年以前，这里是甘肃平凉属地，因此饮食上与秦陇一脉相承。譬如说这老面花卷，甘肃人吃的苦豆花卷在我们那里同样能吃到。

苦豆想必大家都知道，不知道的人我普及一下：这是一种香草，宁夏多植于南部山区，在那里生活过的朋友，一提起苦豆一定会激动个不停，因为或多或少吃着苦豆馒头长大。苦豆也有人叫香豆子，既然苦，何来香？民间的沿袭谁也说不上来，现在想来，大约与它的药用价值有关。

苦豆之香，不是普通的香，是一种异香，奇香——像一种烤焦了的香又不乏植物的香。

毕竟是香草嘛，不可能大面积种植，庄户人最多在田间地头辟出一块弹丸小地撒几粒苦豆籽下去……地盘不大，但并不影响这种植物在人类面前"汪洋恣肆"地摆弄它的体香。

苦豆长出来后，在它的幼苗期，其嫩茎、叶可以当菜吃，怎么吃？凉拌，炝拌，撒盐，倒醋，都随你。不过很少有馋嘴的人这样吃，因为，人们更期待，成熟后的苦豆和那一身自来的香。

秋后，待到万物枯荣时，人们忙完所有的山活，才郑重其事地从田间将苦豆收回，晾晒，黄土高原的阳光有一种与生俱来的泥焦的香味，干烘之下，无形中又为苦豆营造一层馥郁之气。

苦豆粉的制作是有讲究的，粗糙之人往往没有精细化的考量，眉毛胡子一把抓，不分茎叶枝根蔓，一笼统子捣碎大吉。事实上农村也有一些真正的吃家，他们懂得在苦豆株体上根据不同部位寻找分割线，并进行香料的等级加工：首先将那些干裂蜷曲的叶子一片一片摘下来，摆放在干净的木板上，用面杖轻轻擀揉，研成碎末，装入提前备好的香料布袋，或香料瓶，此为上等香料，色泽浓鲜，味道浓烈。整个过程很有仪式感。相比而言，接下来的工序完全可以粗放一些，用木棍或连枷拍碎苦豆茎秆，用铁杵或石锤捻之，除去杂质，并盛装入袋，此为二等香料，色泽偏黄，接近陈年老料。但其味仍然有很强的穿透力，一到苦豆粉制作的季节，整个村落里都弥漫着一股异香味。

在西海固农村，谁家灶台上要是没点苦豆粉，那这家人就不是正宗的西海固人。谁家媳妇若不会做苦豆花卷，那就不是正宗的媳妇，会遭族人唾弃的。

印象中，小时候每次吃母亲蒸的苦豆花卷，是一件非常快乐的事。

石磨磨出来的老粗面，添温水加老碱热炕发酵后，纯手工揉制，擀成软酥酥的大面饼，刷一层古法榨出的胡麻油，再撒上香香的苦豆粉，然后像卷被子一样卷成一条面筒，等分切成剂子，将剂子横捏、拉长、翻转、拧成花卷。花卷品相完全取决于手艺人的水准。最后上竹制蒸屉蒸之，冷水烧滚后十来分钟香喷喷的老花卷便可以出锅了，这是母亲从她母亲那里传承来的老手艺，闪耀着母系文明的余晖。

在饮食上，不能低估了民间百姓的智慧，就拿花卷来说，添加苦豆粉并不是唯一的选择，西海固人通常将甜菜根切成片，晒干，磨成粉，蒸花卷时替代苦豆粉，吃起来甘甜绵软，别有滋味。也可以添加胡麻粉，胡麻粉是从老油坊的石磨上抓取来的，经历了柴火炒制，添加在花卷里，吃起来香味浓郁、清雅、诱人食欲。我们小时候还经常偷偷从油坊抓油渣，回来让母亲涂在面饼上做花卷吃，但味道大不如胡麻粉，有一股鱼腥味，或油漆味。更令人叫绝的是，乡野人在石磨麦面饼上撒上荞面粉或玉米粉，蒸出来的馒头味道飙升到另外一个境地。有时候还撒一些芝麻、茴香籽等。如今城市里，我经常见有人在花卷里刷辣椒油，鬼知道那是不是地沟油呢。

正宗的花卷应该在甘肃古城河州一带。2009年我和妻子赴河州小麦加之称的广河县，被千年齐家文化和大夏河熏染的这片神秘土地吸引了，印象深刻的是，在广河街头，除了即将消失的糖油糕儿，还有添加了黄姜的花卷。彩虹花卷是广河人胜过西海固人的铁证，因为这种花卷里不止放了一种香料，集合了绿色的苦豆粉、黄色的黄姜粉、红色的红曲粉、橙色的胡麻粉，以及腌制的糖玫瑰花酱、晒干揉碎的花椒叶等等，几乎是每一层面饼放一种料，层层叠叠，五颜六色，诱惑极了。

苦豆还有一个直接从阿语音译过来的洋名——葫芦巴。种植葫芦巴是埃及的主产业，历史文化之深厚相当于中国土生土长的小米，2000多年前，埃及人已经将葫芦巴作为蔬菜食用，并沿袭至今。通常情况下，嫩芽苗从土里钻出后，埃及人迫不及待地将其卷入生菜夹到面包里吃，而且从芽一直吃到花再吃到细长扁圆嫩荚果。这点与古罗马人用醋拌野菜（羽衣甘蓝、莙荙菜等）再添加葫芦巴的吃法相似，不过葫芦巴只是被用来充当香料调味。

每年的四五月份，埃及的山坡上、平原上、河沟里，到处是白色的花海，美极了。到了收获的季节，埃及人又像赶集一样涌向田地，好不热闹，在异香的侵扰下，男男女女的荷尔蒙指数嗖嗖爆表，许多爱情故事便上演在葫芦巴地里，成就了不少美满姻缘。每年夏季，七八月份葫芦巴繁茂之时，古埃及人的爱情之花稀里哗啦地绽放，交欢盛行，我想这与葫芦巴滋阴壮阳的强大功效是离不开的。是的，葫芦巴在埃及就是强大的象征，比如，他们称呼小孩子为葫芦巴，意思是祝愿像葫芦巴那样苗壮成长。当一个人萎靡不振，会第一时间考虑吃葫芦巴，因为在埃及人眼中，葫芦巴就是世间一切动力的源泉。

由于葫芦巴药用价值的特殊性，中国历史上出现了两个人：宋人"药诗"陈亚，清人"药戏"蒲松龄。

郎中在秦代是官名，跟中医师挂上号，是宋代以后从民间开始的。据说那时候有位名叫陈亚的郎中，非常有才，曾以中药名写诗百首被誉为"药诗"。有一年天旱，一个和尚光着膀子正在求雨，现场情形很滑稽，没想到这一幕被陈亚和好友蔡襄看到。于是陈亚诗兴大发，随口念道："不雨若令过半夏，应定晒作葫芦巴。"（半夏、葫芦巴是药名）站在一旁的蔡襄不高兴了，觉得这小子讽刺过分了吧，于是说："陈亚有心终归恶。"陈亚赶紧作揖回敬："蔡君除口便成衰。"（便成衰是中医学泄泻的别名）这个段子一传十，十传百，从此陈亚声名大振，郎中也渐渐成为中医师的代称了。

再说"药戏"。不要以为蒲松龄整日沉溺于狐仙鬼怪，他的医药造诣也是蛮深的，而且勤于笔耕，据中药性味功效写出了"药戏"——《草木传》。以奇妙的笔法，给每一种药物配置了生、旦、净、丑等不同角色，故事生动，读来跌宕抓狂。如第三回"栀子"唱腔中提到了"葫芦巴"：

"有一个荜澄茄入胃除冷，有一个高良姜暖胃止疼，有一覆叠子田固精暖胃，还有一个荜拨儿去把寒攻。有附子能回阳逐水益肾，有乌药理肠疼顺气调中，葫芦巴益肾火疝疼有效，破故纸益肾火暖胃止泻，吴茱萸暖肝胃也治肠疼……"这段中共用了9个药名，其中就有葫芦巴。

　　不管怎么说，葫芦巴也好，苦豆/香豆也罢，这种集强大的食药功效于一体的香草，国民还是没有做到"物尽其用"，即使是在烹饪领域，也大多停留在增香提味的境地，呜呼，被埃及人奉为奇异之宝的葫芦巴，在中国似乎是"怀才不遇"。

魔鬼的苹果

什么叫魔鬼的苹果，什么是断头的花，我告诉你答案就是土豆，你会不会尖叫啊。

现在就侃侃土豆——想必人人都熟悉的土豆，它到底是土娘，还是魔鬼，或是俄罗斯人眼中的"面包"呢？

在宁夏提起土豆，自然会想到西吉，那是我出生的地方，虽说它是中国土豆之乡，我想祖国妈妈未必知道这事，但是不可否认的是，西吉土豆就是好吃。

为什么好吃？似乎没人追问过这个问题，如果非要个答案，那么，我说，因为我们必须要吃。如果抛开土地、气候的因素，那么这些"低贱"的山货不但喂饱了山民和牲畜，更重要的是在世界饥饿和贫困斗争中发挥着不可低估的作用。国际土豆中心（CIP）的负责人安德逊（Pamela Anderson）曾说过："从世界范围来看，越穷的地方，越喜欢种土豆。"想想这话，似乎觉得很有道理。我们的土豆之所以好吃，就是因为我们喜欢的土豆是我们赖以生存的土豆。

话说回来，土豆是主食界的百变金刚，焖、煮、煎、炸、烤，滚得了刀口，下得了油锅，出身粗卑如瘤块，抚手幻化丝与泥。土豆配紫薯，双杀无敌，土豆炖牛肉，烂软香醇，土豆配青椒，碧玉金丝。土豆还是蔬菜江湖的孙行者，摇身一变，它又成为土豆丸子、洋芋酿皮、土豆擦擦，再一摇身，又成为烧烤土豆、洋芋包子、土豆夹沙……甚至它还可以被酿成土豆酒。

从味道风格来讲，土豆可以成为人见人爱、花见花开、车见车爆胎的小清新，所谓清者，必须是清炒、清拌、清料；所谓新者，没有了浓呛的油烟，没有了下注味觉的大料，更没有霹雳雷鸣的辣椒油树脂。

对付这样的小清新，我通常的做法是，削皮、剖片、切丝，丝以两毫米见方的小棱柱为妙，事实上我没那本事，如果用点心，实现2.5毫米见方只能算是我的最高境界了。丝切好后，要立刻泡入冷水，这样做的目的是快速与空气隔离，以免氧化变非洲黑，同时呢，尽可能地将浮在棱柱表面的淀粉荡下去，使得土豆丝变得清亮爽滑。

流程走到这里，土豆丝你有两种选择，要么直接下油锅被煎炒，这样最终你会成为酸酸辣辣的文艺范，如果要继续保持一点矜持，要锤炼成真正的小清新，那你就得接受一番焯刑，沸水咕噜，咕噜沸水，既要熟透，而又不能太熟，捞出马上过凉水。如果熟透，吃起来绵软、不脆，没有了青涩，自然会丧失清新，更别提小清新了。在这一点上，我相信只要用心做活，撒了盐巴和熟油的凉拌土豆丝，就可以清清爽爽摆上餐桌了。餐桌一定是原木的那种，而且还有清新可辨的木纹，有带晨露的玫瑰花瓣闲散其间，还有一股黑森林的味道，这个时候再端上一杯上好的敬亭绿雪，有一本似读非读的饶雪漫，那清新指数绝对爆棚。

当然了，就我个人而言，并不十分喜欢小清新，毕竟快迈向不惑嘛，玩这个显得有"刷绿漆"的嫌疑，从某种意义上讲，我更喜欢小摇滚风格。

如何将土豆做出摇滚风格呢？我的经验是，做成土豆丸子，这样的丸子我将它称之为土豆摇滚小丸子；如果加点剁椒再油炸，那就是重金属，吃的时候可以听听酷酷的收音头，或拉风的山羊皮，或德国战车，或恐惧海峡之类的；如果加五香粉，丸子就有了迷幻感，吃的时候听听平克、杰菲逊飞船、披头士、地下丝绒、滚石、鲍勃·迪伦等；如果丸子不下油锅煎，没有外脆里嫩，而是外嫩里也嫩，那么建议大家听听醉乡民谣，或爵士名伶艾拉·菲茨杰拉德；如果在这个基础上加点椒盐，我建议干脆听老男人，比如莱昂纳德·科恩和老鹰乐队等。

以上两种土豆吃法，比较常见，如果会吃的话，格调可以高一些，如果不会吃，那么小清新也会变成洋芋擦擦。不过有一种吃法，怎么吃，也格调不起来，比如煮着吃。我们地球上的毛家湾人经常通过以勤补拙的手法，实践着"土豆哪里去挖，一挖一麻袋"的日式金句，然后一股脑儿倒进大涝坝淘洗泥浆后，再入深底大铁锅加大柴火烹煮。20分钟后，找根筷子戳戳，如果没熟再煮它个10分钟后，准有一股粉面香味混合着西海固泥土特有的沙甜味扑鼻而来。煮土豆吃不出洋味来，主要原因是，食材保持了原始的粗卑，而且大凡吃者，都会因"烫手的芋头"而不停地换手扑打，且嘴里噗噗吹个不停，谁也优雅不得。

煮土豆是一种最懒惰的烹制手法，这怪不得那些懒散的山民们，因为土豆在土豆文化里，就是个麻绳拎豆腐——提不起来的家伙，更重要的是，它历来与恶名与懒蛋同行。

原来土豆有个外号叫"魔鬼的苹果"，历史上人们将其归类为盛产毒物的茄货，曾经有植物学家声称土豆将导致麻风病，理由仅仅是它长得像染有麻风的脏器。在一些著者的眼中，土豆也是软不塌拉的死皮狗，迈克尔·波伦在《植物的欲望》里这样说："小麦是向上指，指向太阳和文明；马铃薯却是向下指，它是地府的，在地下看不见地长成它那些没有区别的褐色块茎，懒散地长出一些藤叶趴在地面上。"土豆还是战争的祸患，1778—1779年间的巴伐利亚发生过"土豆之战"。据说当时士兵们没吃的，完全依赖在田里挖土豆吃维系生命，有一天土豆被挖光了，战争竟然奇迹般地结束了。怪不得在詹姆斯·乔伊斯的笔下，土豆成为一个护身符，既有史事般的民族特性，又暗喻着衰败和毁灭……在1756—1763年的"七年战争"中，法国有一个名叫Parmentier的药剂师在被德国人抓住后，在监狱里吃了好久的土豆饭，回国后就成了土豆的大力推广者，看来他不算倒霉吧。

时光并没有清洗掉土豆身上的流弊味，某种文化潜意识仍在作怪，至今土豆这个词仍然充满了嘲讽之意，它是英国人眼中的"宅男"，是傻瓜，是法国人嘴里的懒蛋。

但是当观赏了米勒和凡·高的画后，我多少觉得我们地球上的毛家湾人的底气足了很多，没想到刨土豆和举灯吃土豆的场景出现在了这二位大师的油画中。如果我猜测得没错的话，米勒《晚钟》中的农民夫妇一定是在挖土豆了，他们站在田间地头以默默祈祷的方式，践行着那句日式金句。米勒死后，凡·高深受启发，也画出了与米勒相似题材的《吃土豆的人》。在写给弟弟提奥的信里，凡·高动情地说："我想在画布上表现这样一群人，他们那伸向饭锅里拿土豆的粗糙的手正是辛勤劳作以获得这些土豆的手。"我相信，我们中国土豆之乡的每一位山民，都有这样一双了不起的手……

在很长一段时期，区别土豆花、土豆果实、土豆根、土豆种子是我的必修课，15岁之前基本上搞清楚了，之后，就离开了那片土地。

这15年的经验告诉我，土豆花也不是什么好看的花，但有一点是可以肯定的，开白色花的土豆，土豆皮是白色的；开紫花的土豆，土豆皮是紫色的；开蓝花的土豆，土豆皮是蓝色的。过去我们多吃白皮的土豆，吃着吃着，就变异了，切开以后，就有一个青褐色的空心，可能感染了晚疫病的土豆就会变成这个样子。正是这个青褐色的空心，在1947年导致爱尔兰大饥荒，爱尔兰的800万人口有110万以上死去，还有接近200万人被迫离开祖国，其中相当一部分抵达了北美。

小时候我记得大人们将得了病的土豆称为青海土豆，似乎没有什么道理，简直就是给青海人抹污——反正那时候我对青海没概念，心想这青海可能就是那个坏死的空心吧。再后来，就有一款新品种土豆替代了青海土豆，那就是开蓝花花的蓝眼窝窝，从口味上评判没什么区别，我想之所以是新品种，大约是更能抗病毒，更能脱避衰败吧。

　　穷人们瞧不起眼的土豆花，在一些君主的眼中，那就是奇花异草。路易十六曾经把土豆花别在胸前招摇过市，而玛丽皇后则干脆戴在头顶上数星星，只可惜他俩后来都被送上了断头台。相反，有些君主的做法却让人倍感温馨，比如像彼得大帝这样的人留学期间经常往国内送土豆……以至土豆在俄罗斯大地上快速普及起来，并成为这个民族的"第二面包"。

滋味石头

从某种意义上讲，石头代表着古老，在洪荒时代它是孤独的代言者，是沉积时光的表征。人类出现后，石头又成为疯狂的"自然之子"。在历史书里，我们是从原始人的石器开始认识石头的，聪明的先祖们，为了将肉食弄碎，蹲在河边上磨石头，很快，磨出了石斧石刀，然后他们将抓来的野物用这样的利器砍死，并分割。就这样，出于物竞天择，石刀作为烹饪之器具，由其所充当的分食功能，为人类奉上了最初的美味。

可以设想，在火没有发明之前，人类的生食主义多少沾染上了石刃的味道。好在太阳是亘古的……大约后来有一个无名氏祖，在一次生产劳动的过程中，将切成的薄肉片遗忘在了石头上，第二天返回原地时，发现肉已被太阳烤熟了——当然作为人类史上第一个发现熟食的人，他并不懂得那叫"熟"，只是出于好奇尝了尝，感觉不错，就这样，伟大的熟食诞生了，从此以后，人类的肉食谱系里多了一种日光晃晃的石烹味。

在中国，石烹文化可谓源远流长。比如古人利用"烧石煮水"的法则，烹煮牛羊这样的"庞然大物"，锅里放不下就在地上挖个坑，倒满水，然后坑中丢烧红的石头，直到把肉煮熟。还有一种烹制的方法，人们会在烧红的石头上烙秕谷。再后来，利用烧红的砂石来制饼。

20年前，在一个小村落里，我和我的小伙伴也如法炮制，在滚烫的石板上烤麻雀、蚂蚱，甚至还烤蚂蚁和青蛙。我们还用石块烹制土豆：将石头堆起用柴火烧，极度炽热后并同土豆埋入提前挖好的土坑，然后隔着土层，就能听到土豆与滚石在土里悄然炸裂的声音，大约半个小时后，再把土豆从土里刨出，拍掉暖烘烘的土灰，露出黄焖焖的外焦皮，咬一口，内瓤绵柔沙甜，可口极了。

不过石头在我们地球上的小村落里还有一种用法，每年春节前夕，家家户户杀"八戒"，烧烫的石头往"哼头"上一滚，只听见刺刺啦啦的声音，"八戒"瞬间鬃发全无，面目清秀了。

在民间，石头还有妙用，那就是腌菜。也就是说，石烹并不见得要见火见光，黑暗与静默，时间与力量也是一种催生美食的手段。我一直相信，小时候常吃母亲用石头腌制的咸菜，定然浸入了这块石头的情绪。我也相信每一颗被赋予了使命的石头，不再是一颗普通的石头，它们同样有着母鸡孵卵般的耐心，以及向人间美味不可逆袭的入坠精神。

多年前在苍茫的贺兰山上吃过油炸蝎子后，我一直想不明白为什么油炸过的蝎子被老板盛在铺有石子的盘子里端上，那石子们油光锃亮，仿佛一个个陪伴蝎子们在油锅里滚过——也许本该如此，可是为什么还要油炸那些原本就"油盐不进"的石子呢？这样的疑问没有人能够解答。唯一的解释是，作为蝎子，其人生（蝎生）是与石子相伴的人生（蝎生），是人们从荒野地区，从岩石底下或者石头缝里一只一只用镊子抠出来的，因此从荒野走向油水滚滚的大铁锅，走向餐桌。贪吃的人们仍不忘用石子为它们塑造赖以"生存"的空间与环境——这是一种下了油锅的、死亡式的"生存"，也是一种上了餐桌的、美味式的"生存"。

因为，蝎子是神秘的隐士，它们喜欢干燥的地方，怕光，不爱动，饭量很小。可怕的是，母蝎子结婚时会吃掉丈夫。甚至用它们卵形的身子，用两条像剪刀一样的大腿，或用八只眼睛，或长长的毒针杀死一切可以杀死的事物。是石头赋予了它们冷血的精神。

怪不得希腊神话中的小诗这样写："朋友啊，每块石头下都藏有蝎子，谨防它袭击，暗中施用诡计……"

石头炒鸡蛋与蝎子滚石子有同工异曲之妙，这是一道山西菜，据说还可以秤砣炒鸡蛋、象棋炒鸡蛋……味道好极了，反正我没吃过。

拿石头做文章的菜太多了，有一种叫麦饭石的石头这辈子就为饭而存在。比如石锅鱼，滚烫的石锅煲熟的鱼片，吃起来格外鲜嫩入味。还有一种石头叫盐石，据说是烧烤店必备神器。前不久我在银川一家餐厅，亲眼见美女厨师演示了如何在盐石上烤羊肉片，她说用盐石烤食物，不用加盐，我问为什么，她说因为它是盐石嘛。我问这石头搬来就能用吗？她说盐石运回来后，首先要洗净，然后将其浸泡在油里，一段时间后拿出来再用油煮，反复数遍后，盐石方可上桌烧烤。说到底，就是要给它泡足油水。

有一年，我去呼伦贝尔大草原，见识了蒙古人另一种传统的烤肉方式——石头烤肉。石头烤肉的做法是：先把从河床捡来的鹅卵石烤热，烧红（选择其他类型石头可能会烧裂）。然后将石头和羊肉一层一层地放到铁桶里，就像腌咸肉那样。桶里少放一些水，然后添加辣椒、洋葱、蒜和盐，盖上盖子，焖上几个小时，就可开桶验吃。这是改良过的粗犷吃法。最原始的吃法据说是把骨肉在羊皮内进行分离（怎么分离，这需要疱丁解牛式的精湛技艺，想象一下），然后往皮囊内加入石头（是不是需要烧红，无从考证，也可以想象一下，我认为真正的美味，留一半品尝，留一半想象）以及野葱、咸盐、酸奶后扎紧刀口，直接在火上慢慢煨烤约两个小时，毛烧光至金黄色即可下架开吃。这里需要说明的是，为什么要添加野葱，因为它的味道和秉性非常强悍，我在拙著《野味难寻》中有写野葱，大家参阅便可明白就里。事实上现在几乎没有人能这样费尽心思地烤一只羊了，不过这种烹制方式这有点像宁夏人制作羊皮筏子，若如法炮制，将此古法演变提升，想必会诞生一种新式羊肉吃法。

　　说到底，中国地大物博，每一种吃法分散异处，即使同等石烹，也南北大相迥异，陆海截然不同。

　　相比之下，日本人却将石烹玩到了极致。最正统的当数怀石料理，是正经十四道程序的流水大菜，这阵势绝不亚于中国的满汉全席，定力不足的话吃时不免战战兢兢。不过据说怀石料理初创时，只是茶会上零食而已，清净简素，本不华丽。其创始人是日本史上茶道第一大宗师千利休（千宗易），距今已有四百五十多年的历史。千先生的茶道理念是"茶道不过是点火煮茶而已"，这是化繁为简拨云见雾式的点拨，他每天出入"草庵茶室"，口训"清敬和寂"真言，原来功夫在茶外，修心才是硬道理。需要说明的是，所谓"十四道程序"那是后来演化的结果，千宗易时代的怀石料理，只有一汁三菜，汁是大酱汤，三菜是凉拌野菜、炖菜和烤鱼，外加一丁点儿米饭。

说了这么多，也许有人会问，有没有一种直接能吃的石头？还真有啊，在意大利维苏威火山附近那不勒斯地区有一种可以食用的石头，其实就是泥灰岩。当地人的吃法是，将这种石头掺上面粉做成雪白的大饼，吃起来酥软可口，而且还是招待远方客人或亲友来访的上品。

这辈子成不了那不勒斯人，也成不了那不勒斯人的女婿，估计我也没这个口福。

（注："怀石"一词是由僧人的"温石"而来。说到底是僧侣揣到怀里顶在胃部耐饥寒用的。）

加餐共爱鲈鱼肥

　　我认识一兄弟卖鲈鱼，江湖人曰亮，一个人开着车拉着媳妇到处跑，客串各种场子。现如今半年多过去了，他的鱼卖得越来越火了，而且还开起了专卖店。更有趣的是，这哥们儿嗨歌麦霸级，每天写创业心志，还给小孩子教作文课，了不得啊。说实在的，他的鲈鱼应该多是半成品，很适合快节奏的都市人享用，撕开包装，放进微波炉，几分钟后再拿出来，就OK了。

　　鲈鱼是古时候中国四大名鱼之一，肉质白嫩、清香，最宜清蒸、红烧或炖汤。渔谚称"冬鲫夏鲈"，说的就是鲫鱼冬季最肥，鲈鱼夏季最壮。

　　鲈鱼在中国古代就有了，至少在唐代已经是平头百姓餐桌上常见的风味海鲜了。有诗为证，唐人吃货元稹说"莼菜银丝嫩，鲈鱼雪片肥"，皮日休说"雨来莼菜流船滑，春后鲈鱼坠钓肥"，同时代的李颀在《送山阴姚丞携妓之任兼寄苏少府》中也说，"加餐共爱鲈鱼肥，醒酒仍怜甘蔗熟"。

　　关于鲈鱼，在江浙做过官的宋人文同说，"乡人觅次来相贺，莼菜鲈鱼正软肥"，莼菜以西湖莼菜最为著名，尤其与鲈鱼做菜烹汤味道更佳。不过莼菜中含有较多的单宁物质，如果用铁锅烹制会立刻变黑。想必文同一定是用陶锅来炖煮莼菜鲈鱼。陆游作为那个时代里的大老饕，在诗文上不甘落后，他说，"醉思莼菜黏篙滑，馋忆鲈鱼坠钓肥"。

纵观以上这些诗文，都有一个共同的特点，那就是清一色地用"肥"字来形容鲈鱼。这也就是说，历朝历代的人都酷爱鲈鱼之肥。当下，人们在吃鲈鱼上，遵循古人的食训。从食材的源头开始，就把握住一个原则：不肥不进。这些鲈鱼每天坐着飞机从海鲜基地而来，一下飞机，到了餐厅，还活蹦乱跳呢。

鲈鱼的做法千百万，但北方人偏爱蒜香烧。事实上对每一种食材的烹制，餐厅都是做了精心的研究的，厨师们尊重每一款食材，更尊重每一个顾客的口味。因为蒜香烧鲈鱼更符合北方人的口感，这就是美食的守恒定律。

相比之下，在蒜香鲈鱼的做法上，银川人的做法独特，首先开背，但不是开肚，背部打开，能看到鱼的完整形态，然后就是去骨，客人吃起来比较方便。这两道程序做完后，就是腌制了。这是最核心最机密的环节。腌汁的调制是复杂的，要搞明白每一种料之间的内在关联，也不是一朝一夕的事。我的意思是说，这种腌制鲈鱼的原汁是用葱姜蒜，再加盐味鸡精五香粉和牛奶、蛋清等调制而成。乍一听有点无厘头，可多种调料在多元融合下所呈现出的极致美味，却让你不得不佩服银川厨师所坚守的美食哲学。

葱，切成"花"，姜，切丝或切片都行，说到蒜，就比较重要了。不是什么蒜都可以拿来用以烧制鲈鱼，银川人之所以百里挑一地专选紫皮独头蒜主要理由在于：独头蒜的味道要比普通的大蒜更加辛辣，所以蒜香味也更加浓郁，外形也更美观，且易剥皮。独头蒜的外层干皮分白皮与紫皮两种，通常紫皮独头蒜比白皮独头蒜味道更加浓烈。而且这种蒜具有一定的药用价值，防癌作用要高于普通分瓣蒜。这些蒜头完全纯手工剥之，天然石臼捣之，如用刀切剁成末，蒜分子会发生变化，影响味儿，而且易与空气接触发生氧化……小小的工序，高度凝缩了地道民间制法精髓。

话说这葱姜蒜"三大将"还有一个重要使命那就是抑制鱼的腥味，只要将这个搞定，这美味鲈鱼就成功了一半。腌制的时候要加点特仑苏纯牛奶，并同葱姜蒜末调和好，把鱼放进去泡在汁子里，再配上前面我说到的一些调料。腌够12个小时，鱼肉中会有和林格尔草原上的乳香味，也有独特的蒜香味。也许有人会问，为什么有些餐厅做出来的蒜香鲈鱼是黑色的，主要原因是没有加牛奶。

鲈鱼腌好了以后，接下来就是拿出来拍生粉，粉就是玉米淀粉，拍的时候还要挂上一层鸡蛋清，通常有经验的厨师会提醒，不要蛋黄哦。只要油温控制好，鱼放入锅里是慢慢煨熟的，而不是猛烈地炸出来的，这样做可以使鱼的颜色保持纯净的白色，而且还不会把营养破坏了。鱼炸好后，捞出来油沥尽打斜刀剁成鲈鱼条，最后装盘的时候还是保持鱼形，保证美感。上桌前，再撒上一点用大蒜和面包屑等炒制而成的小料，金黄色，脆脆的，可以给鲈鱼增香。

第四辑 食无界

羊肚焖饭和哈吉斯

逛旧书摊收集老菜谱是我一大爱好，前不久淘来一本宁夏文史资料，里面介绍了一些传统清真小吃，其中就有羊肚焖饭。这道菜的精髓在于往羊肚里填肉馅，肉馅选用上好的羊肉切成拇指盖那么大，用酱油、食盐、味精、花椒水、葱丝、姜末等腌渍，然后用淘净的糯米拌匀，塞入提前收拾干净的羊羔嫩肚内，用线缝扎后下锅内烹煮。待肚包发鼓时，再用筷子在上面扎穿几个洞眼，以免水汽胀破。熟透后，捞出置凉，吃时切片再上笼蒸热，或直接加醋或蒜泥或辣椒油凉拌，肉香、烂软、鲜美无比。

这道菜有三大看点：首先是调味料的选用，既没有老干妈，也没有十三香，更没有味极鲜，而是一些普通的传统作料，提味、祛腥，典型的老法菜，形象虽差，但味香。为什么现在人老抱怨饭馆里的菜中看不中吃，越来越不香了，原因很简单：下猛料，欲盖弥彰。第二大看点，那就是糯米的选用。有人疑问，糯米搭档羊肉到底怎么样呢？我要说，不油不腻，健脾养胃，香极了。之前吃过羊肉糯米烧卖，就馅儿来讲，与羊肚焖饭有异曲同工之妙，不同的是，一个用馄饨皮来包，另一个则用嫩羊肚。还有一大看点，那就是用完整的嫩肚包肉，在各色盛器流行的当下，也算是稀罕，我们常说酒囊饭袋，瞧，这就是饭袋。

羊肚焖饭是宁夏的传统清真菜，也是同心人的看家本领。以前我吃过同心食府的，后来随着时光迁延，这道菜渐渐被一些主流菜挤到一边去了。而近几年来，随着花哨的粤菜在宁夏萎靡不振，固原、同心等本邦传统土菜气势上升，占据了半壁江山，诸如羊肚焖饭被一些餐厅重新拾捡了起来。据说现在同心春、伊味楼、小叶手抓，以及灵武好多餐厅都有，就连同心食府也不放弃老法菜，旧店新开了。不过好多餐厅用大米代替了糯米，用牛肚代替了羊肚，用蒸锅代替了土灶，用清蒸手法代替了焖制，我相信，那种原始拙朴的真味也被替代了……

如果对一种美食追根究底的话，宁夏的羊肚焖饭也并非本源。

在新疆，这是一道具有原始风味的传统美食，最早起源于游牧民族哈萨克人。之所以传到宁夏，估计跟回族行商特性有关。最初做这道菜，新疆人要在地上挖个土坑，然后捡一些干柴丢进坑里点燃，待木柴燃尽形成炭灰后，把装有羊肉的肚包扔进去，用土埋实，时辰一到再刨出来，浓香四溢哪。而且选用不同的木柴，焖制出来的羊肚饭其味也不尽相同。遗憾的是，即使在新疆，当下人们早已不会去吭哧吭哧地挖土坑了，土坑已经变为烤箱，或者，肚包被锡纸和泥巴伪装起来，放在丧失了自然风土的馕坑里焖制。

与疆人不同，草原上的藏人对羊肚焖饭有新的理解，并有一个美妙的名字：多食合。烹制的时候要用到石块，我想应该是"多石合"吧。总之，甘南藏民的做法充满了野性，他们将烧热的鹅卵石投进羊肚里，然后再塞一勺调料拌好的肉块，再投一块烧石，再塞一勺肉块……相当于石肉混装，最后用绳子将肚口死死地扎住，在烧石的作用下，羊肚热气快速膨胀，肉块历经炼狱般的焖制后，其味咸香无比，妙不可言。

人类对待食材，历来尽其所长所能，对"上品"材质的选用一向游刃有余，对杂碎这样的"下品"也是穷其所有。尤其牵系到肠肠肚肚的羊杂，更是如此，甚至扯上了艺术。我小时候见爷爷把羊肠洗净晒干，然后绞紧制作成二胡的琴弦，触摸有张力，手感很柔和，且音色丰富饱满，接近人声。用羊肠做乐器，不是我家祖宗的专利，是人类共享的文明，直至十九世纪，羊肠弦还是提琴类乐器的唯一选择。即使是现在，羊肠弦装配在名贵的古意大利提琴上，迷人音色是任何琴弦无法取代的。

说到底，诸如羊肠弦，人类赋予其艺术的价值，但并非构成生活中的主流，而是肠肠肚肚以其固有的特性，授予了苍生一日三餐食而果腹的灵气。苏格兰有一种叫哈吉斯的肉馅羊肚跟中国的羊肚焖饭相似，就是把羊肉块以及羊肺、心、肝、肠等内脏与麦片以及香辣调味料搅拌后，填到羊肚子里烧煮而成，配土豆泥和萝卜，吃的时候一口哈吉斯一口威士忌，咸辣腥碎，其味浓呛，想想都"黑暗"得难以下咽。怪不得法国前总统希拉克对哈吉斯的评价是"大倒胃口"。而吃过哈吉斯的中国人通常会说：这玩意儿不咸不淡，腥啦吧唧。就连张爱玲，虽然她肯定了这是一道经济实惠的好菜，但大刺刺地抱出一只完整的羊胃来，多少也透着点恐怖和荒蛮。

要说来，这道菜跟歌曲《友谊地久天长》的词作者、诗人罗伯特·彭斯有关。作为穷人的代表，彭斯曾把哈吉斯称为"布丁品种中的伟大领袖"，并写了一首咏物诗《致哈吉斯》，因为在苏格兰人极度贫困的时候，羊杂挽救了许多人的性命。据说当地人每年把羊杂藏在冰冷的地窖里，遭遇荒年时，就取出来熬汤或者做成肉馅羊肚来充饥。有点像土豆的宿命，交织着人类的爱恨情仇。在乔纳森·汉斯雷执导的黑帮电影《杀死这个爱尔兰人》中，苏格兰人丹尼尔·帕特里克骂丹尼为吃土豆的家伙，并称在爱尔兰，土豆是三百年来唯一营养来源，有一半的人口，包括他的祖先都死于饥荒……说到美食，丹尼则以极为鄙视的语气谈到了肉馅羊肠："肉馅羊肠就是把调味猪肉塞进羊大肠里……我是吃土豆的人，但是我可不吃羊屁股里的肥肉。"

时至今日，苏格兰人为了纪念伟大的诗人罗伯特·彭斯，每年1月25日诗人生日这天，都会庆祝"彭斯之夜"，并在晚餐中分享哈吉斯。现在，诗人和这道菜都已经成为苏格兰的灵魂。

日本味道

　　这两年来阅读日本译著偏多，从太宰治的《人间失格》到荒木经惟的《东京日和》，再到《植田正治小传记》，最近案头又翻阅几本与日本饮食有关的书，比如池波正太郎的《昔日的味道》《食桌情景》和鲁山人的《日本味道》，都涉及日本二战前后"谈吃论食"的题材，有一种佐藤春夫式的"思茫然"……

　　不同的是，池波正太郎擅长将街坊吃食烩入小说创作，颇有"大江户味道"，不过阅读他的两本美食随笔，对于中国读者来说，会觉得那些吃食太寡淡，震不响舌簧。

　　那么，就此，日本全才艺术家鲁山人则完全不同，他不仅懂得吃，还善于做菜，曾创办会员制餐厅"美食俱乐部""星冈茶寮"，开一代美食之风，主张"餐具是料理的衣服"，在自家后院开设星冈窑，从事陶制作，他曾说："料理再好，食器粗俗，就不能让人感到愉悦。"

　　"一个深邃的世界，味觉殊不可少。"

　　许多人认为日本饮食深受中国文化影响，这毋庸置疑，就吃家来讲，两国道法相似，不过一旦触及精髓，中国人总归缺点什么。虽然自命非凡的饕客不计其数，但像鲁山人这样的集篆刻、绘画、陶艺、书法、漆艺、烹调、美食、文采于一身的全才美食家则少之又少。即使将清代大诗人、美食史上的"孔夫子"袁枚拉出来对比，也相形见绌，更别提后来者汪曾祺、梁实秋等吃货了。

真正的饮食境界，是天灵地精之馈赠。

最近莫名喜欢上了听马来西亚女孩zee avi的歌，最初也是因了这首I am me once more，后来越听越加喜欢，并突发遐想：北海道夏日的某个黄昏里，和最爱的人隔着玻璃触摸着zee avi独特慵懒舒服的嗓音，每个人的眼前摆上了一个鲁山人的蝎绘茶碗，再吃上一口纳豆茶泡饭，或者是池波正太郎笔下的古时江户荞麦面，那绝对是真真切切的深邃小味啊。

前些年，常与餐界人士交际，深谙餐饮诸多道道。不论是席间酒谈还是茶余闲聊，讨论多的还是餐饮本身。许多餐老板原本文化底蕴浮浅，即使请得厨间高手，待美味上席，一瞧，不料那食器白瓷一坨且带豁口，味蕾瞬间萎靡。这，又能怎么着，餐老板不就是个卖饭的而已。即使这期间偶尔有人提及食器于餐饮的重要性，也往往被一个哈欠打过，不了了之。

今年3月去成都，顺道仰慕方所而去，曾一度被其角馆生活器物所晕染，其中有中国景德镇知名窑厂纯手工艺术品，也有专做古雅造型铜器用品的日本"二上"铜器，日本陶器也有，但绝非我想象中的星冈窑制品，更非鲁山人亲手撸制的"美食美器"，明明心里知道不可能有，但还是心底略有失落。

回来后，与时下几个餐界人聊天，"炉石传说"朱老板让我眼前一亮，对方不仅深知方所模式，而且对食器大为推崇，这在西北实属不易。不过朱先生倒是个性情中人，言谈之间虽有对人对事的狂傲，但更多的是对食材的尊崇，一门心思要将宁夏盐池滩羊推向北上广，而且只身一人深入中国西海固寻找食源。一个来自江浙的美食从业者，有一点优越感真是难能可贵，我相信也希望他在宁夏期间，能够多为地方餐界带一些新的美食风气——我喜欢他这样的人，正如鲁山人所言"所谓美食家……说老实话大概都有些怪"，朱先生就是这样的怪人。

诚然，作为一个地处西北边陲的吃货，即使向往日式食器，那也是枉然，还不如来一口日味实惠。

三五年前，日本街头流行一种章鱼小丸子的国粹小吃，没想到现在已经来到了银川街头。有几次看电影，有人现场用84或56个圆球洞洞烹制，家女嚷嚷着要吃，尝试着买了一盒品尝，没想到那种章鱼烧汁、海苔粉、木鱼花混合的味道很独特，一口咬下去，外皮香香的，里面软软的，口感QQ的！

到底是不习惯，平日里很少想到去吃日本料理，现在想想，第一次吃日式餐是七八年前的事了。记得当初银川民族北街高尔夫一家餐厅就有日式烧烤，品尝过他们家的秋刀鱼，印象深刻的场景是：铁板炉上冒着青烟，在炭烤盐烧之下，秋刀鱼发亮半边黑的胴体滋滋渗出脂肪泡沫，味道熏满整个屋子，一闻那味道便觉秋意。原来秋刀鱼就是"秋之味觉"的代表。

秋刀鱼的捕获很特别，据说通过灯光诱惑，可以大量渔获。不知道这种鱼是恐惧灯光，还是贪恋灯光呢。这让我想起贺兰山脚下或中卫黄河边北长滩，那些常年昼伏夜出的蝎子捕获者，他们也是利用手中特制的灯光和镊子来抓捕蝎子的，真是奇妙。

正因这个凄凄切切的"秋"字，秋刀鱼历来就是日本大文豪笔下的常客，夏目漱石在《我是猫》中首次以"三马"为名表记了秋刀鱼，不过小说主角是忧愤情思的"猫"，"鱼"并没有被人们记住。倒是在佐藤春夫的《秋刀鱼之歌》中，这种猫的"忧愤情思"转移到了人的身上："凄凄秋风啊，你若有情，请告诉他们，有一个男人在独自吃晚饭，秋刀鱼令他思茫然……"如此，这才使得"秋刀鱼"三字也借光被日本人广泛认识，并成为唯一的秋刀鱼之汉字表记。受此情绪影响，小津安二郎在他的最后一部电影名篇《秋刀鱼之味》中延续了佐藤春夫的诗歌风味，据说在拍摄这部影片的过程中得知母亲去世后，小津在日记中这样写道："春天在晴空下盛放，樱花开得灿烂。一个人留在这里，我只感到茫然，想起秋刀鱼之味。残落的樱花有如布碎，清酒带着黄连的苦味……"

记得初次在银川品尝日式秋刀鱼时，老板还拿出珍藏好久的清酒供我们享用。起初，我对这种米和矿泉水酿制而成的单纯的液体抱有浓厚的兴趣，相信倘若一饮而下，那绝对是泉水的清爽，混合着风和日丽的贵气和特有的米香，这种欲罢不休的诱惑感就从酒体被水渐渐煨热，并散发出迷人香气的那一刻开始了。然而事实不是这样，当第一口清酒滑过口舌时，一股凛冽的味觉将我阻止在了第二口之外。第一次喝清酒就这样败兴而归。

此后就一直没有触碰日餐。一直到2013年秋日。这次是旅日诗人春野先生宴请我。就餐的地点位于上海巨鹿路的岩日本料理。据春野讲，巨鹿路一带日本人多，所以日本料理最地道，尤其这家岩日本料理，人满为患，若不提前一天预订，怕是吃不上。

在赴宴的路上，我寻思着，这家岩日本料理餐馆一定是高大上，然而到了，却发现餐厅藏在一个窄窄的小街巷里，没有富丽堂皇的招牌，餐厅门檐低低矮矮，一点也不气派。恰逢饭点，进到一楼，已经没有了座，就连吧台也已经被人侵占。

春野看上去是这里的熟客，说着我听不懂的日语边与老板打招呼，边带我向楼梯走上去。二楼是榻榻米，吃饭时得脱鞋，桌与桌之间挨得很近，似乎几十号人在同一个大通铺上就餐，类似家庭作坊，很亲民，不过坐在中间的人，出行也不方便。但是干净、温馨，照明不明不暗，挺有日本大江户时代的"居酒屋"风格。

我们选择临窗的位置坐下。当时都吃了些什么，我不大记得了，只记得都是一些传统日式的菜肴，对于吃惯了大西北酸辣咸的我来说，味道当然有些偏淡，不过细品之下，鳗鱼味道很肥美，烤银鳕鱼肉质嫩嫩，调味也不错。

来到岩，自然是少不了喝喝日本正宗的清酒，我们煨了一小壶，清清甜甜的，谈不上喜欢，也谈不上不喜欢。好在我有心理准备。不过的确能感受到日味的用心。那是我第一次见春野，感觉他是一个健谈的人，同时由于旅日工作多年，受日本文化的熏陶，他人也显得很风趣，很绅士。

美国馅饼与迪伦

先说个"中国馅饼变成披萨"的笑话：

有一张中国馅饼，他要去姑姑家，走着走觉得肚子饿了，一想："老子就是馅饼啊，反正都要被人吃掉，不如自己把自己干掉。"于是就边走边吃自己，等到了姑姑家，他姑姑一开门："你是谁啊？我不认识披萨饼啊。"

这是中国人编出来的笑话，就是为了取悦自己。这样的笑话如果让美利坚人听见了，一定会发蒙。

据说美国洛杉矶的馅饼已经做到了令人咋舌的程度，更重要的是，在形体上彻底颠覆了印象中的"饼"，越来越像蛋糕不说，还出现了杯状的馅饼，纯手工制作——这么说来，我觉得我们的包子、饺子、肉夹馍都可以加入馅饼大军了。

在中国，几乎没有一种美食能代表整个国家。然而美国馅饼，就是美国的标志，人们常用它来表示典型或者纯粹的美国传统。有这么一句话，"当你有了一个内含17000棵苹果树的果园，你就一定要有一份好的苹果馅饼菜谱"。用现在流行的话来形容，这份苹果馅饼菜谱就是一个取之不竭用之不尽的大IP。

美国最初的馅饼可不是添加水果的，早期移民加入各种干果仁，甚至胡椒等。后来随着人们四散移居，一些各地的特产也成为必不可少的馅料，有地方特色的水果馅饼也就应运而生。

由于我从小酷爱吃各种带馅的食物，因此一直以来格外关注"馅饼"。

以前不觉得"角子"（家乡人念ge zi）这种乡土美味也是馅饼的一种，现在看来，它就是馅饼。一张圆形的面皮，涂上一半的馅料，对折，放入涂有纯味胡麻油的平底锅，如此半烙半煎出来的馅饼成为乡间庶民的最爱。对折后像一个扇形，出锅后再将扇形等分切之，便成为带锐角的"角子"。在宁夏西海固，人们常吃的"角子"有土豆馅、韭菜馅、南瓜馅、麻麸馅等等。

从渊源上讲，西海固人大多是从甘肃陇地一带迁移而来的，这似乎与美国南方相似，他们同样学会了就地取材，往面皮里添加各种馅料，唯独没有加水果。我们没有这样的传承。更没有将一棵苹果树繁衍生息成17000棵的勇气，我们的土壤里长不出那么大的一个IP。

美国的美食传承源于那个无所不能的"祖母"，就像中国的外婆，或妈妈那样。

我曾经读美国罗布·沃尔什的一本美食著作，书中多次出现了以祖母为符号的菜谱，比如"祖母的甘草菜卷""祖母的罗塞尼亚蘑菇汤"等等。美国人培育馅饼IP，非常善于打祖母牌，事实上人家真有这样的传承——在南卡罗来纳州雅玛西，卡罗来纳苹果派公司将一座加油站改造成馅饼店，据说馅饼是当地一名妇女用她祖母的秘密配方制作而成的。

前几年我在网上坚持看一档介绍美食的节目：《宅男美食》。主讲主厨是一个地道的美国南卡州人，用的餐具都很棒，大多数中国人恐怕都没见过，普通话说得很麻溜，还有一个中文名叫马腾。有一次他介绍了自己家乡的夏季乡村甜点黄桃馅饼，让人直流口水。他说这种馅饼在南卡州叫COBBLER，北卡州却叫SONKER，做法差不多，只是北饼要比南饼厚，不过都是一种玩意儿。"一定要趁热吃哦，这样才够传统。"马腾说。

后来看过美剧《纸牌屋》，我才知道南卡州的桃子非常有名。男主角和马腾是老乡。2015年6月1日，马腾做完夏季草莓色拉以后不再更新了，我就觉得蹊跷，后来网传他已于2014年8月在洛杉矶出车祸离世了。呜呼。

馅饼是美国的文化标志，因此伟大的美国馅饼与美国摇滚的关系一直若即若离。

在马里兰州巴尔的摩有一家摇滚歌手开的超美味馅饼店，甜点是由格伦蒙特教皇乐队主唱罗德尼·亨利做的，将摇滚音乐与传统的美国馅饼相融合，品位自然是出众得不得了，而且夸张的创新之举令世界上任何一个厨子汗颜。这家店的招牌据说是一种叫"巴尔的摩炸弹"的馅饼，最大特点是，饼的顶端浇有厚厚一层巧克力酱。相信罗德尼·亨利围绕他的馅饼店，创作了大量的跟馅饼有关的歌曲。

不是所有的摇滚歌手都像亨利那样拥有一个超美味的馅饼IP，比如唐·麦克莱，美国四十年前流行的一首长达8分34秒的民谣歌曲《美国馅饼》，就是他的杰作。"音乐在那一天死去。再见了，美国派小姐。我开着我的雪弗莱来到河堤，但河水已经干枯。人们喝着威士忌和麦酒，唱着：就在这一天我将死去，就在这一天我将死去……"可惜整首歌只字未提美国馅饼，因为，这里道别的不是馅饼，而是歌者借用馅饼向美国特色的纯真文化说再见。这首歌在当时引起了极大轰动，成为美国流行乐中一首最具争议而又最有文化感的歌曲。就连麦当娜也站在美国国旗前扭来扭去地唱这首歌。

2015年4月，本已在创作上影响力微薄的唐·麦克莱突然头顶砸下一个美国大馅饼——他的《美国馅饼》歌词手稿以120万美元的高价成功拍卖，成为最贵的"美国馅饼"。这是一个相当于诺贝尔奖奖金的数据，若论单首歌曲的价值，远远大于鲍勃·迪伦的任何一首。

无独有偶，鲍勃·迪伦也创作过一首《美国馅饼》的歌曲，从歌词来看，这位诺奖新贵是个喜食馅饼的家伙，他用破锣嗓子，发出让世界震惊的馅菜般的声音。迪伦爱的就是美国乡下的馅饼，最爱什么馅？他在歌中唱道，"覆盆子，草莓，柠檬和酸橙蓝莓，苹果，樱桃，南瓜和李子"，爱到什么程度呢？不管他在做什么事，他叮嘱"家人"，"吃晚餐时叫下我，宝贝，我将会到来"，他还说，"把我摇上那棵老桃树，小杰克霍勒从我身上什么也没得到"，因为他爱的就是"乡下的馅饼"。迪伦自视是个农民，正如"他"在其传记电影《我不在那儿》中所言："我只是个农民，知道农民的宿命……"

迪伦不是一个狭隘的饮食主义者，他还喜欢一种法国馅饼——可丽饼。在专辑《席卷而归》中他这样唱道："我进了饭馆，找厨师……服务生是个帅小伙，他披着粉蓝色的斗篷，我点了些可丽饼，说'请你做成橙香火焰形'，就在此时，整个厨房爆炸了，爆炸来自沸腾的肥油……"

可丽饼是一道法国经典菜，橙香火焰可丽饼是其中最著名的一种。烹制的时候往面团中添加橙汁，然后入锅煎出薄饼，上桌前洒柑橘酒点火，火焰呈蓝色，有一种奇异之美。在法国西北部布列塔尼，可丽饼通常是用荞麦面粉所做，饼中可以添加任何你想象得到的馅料，比如各色水果、奶油或甜食等。

如果在中国北方，将荞麦面做成火焰，就成为元宵节的荞面灯，这样的习俗作为一种人神的召唤，至今在宁夏西海固一带流传。六盘山西麓的隆德县，荞面灯已经成为当地汉族人元宵节必吃的特色面点。一根缠上新棉花的麦秆插在中间，一勺清油顺灯芯灌下，顷刻整个世界都亮了，似乎向地球上的任何一个角落昭示着一种生命的信念。

法国人习惯以柔软细腻的小麦面粉来制作甜可丽饼，唯独布列塔尼是个例外，从这个意义上讲，法国西北部的这个半岛就是宁夏版的"隆德县"。有人将可丽饼与中国山东的杂粮煎饼做对比，除了馅料不同，一个小清新，一个大糙汉，呈现的格调也不同，相同的一点是，它们都是饼。

迪伦常喝的饮品是咖啡、酒，作为一个伟大的歌者，这是不容置疑的。从他的诗歌中还看得出来老家伙喜欢中国的tea。从待客之道来看，迪伦青睐博若莱。1964年，23岁的迪伦在纽约梅费尔酒店用博若莱葡萄酒款待过权威音乐杂志《MELODY MAKER》的资深记者Max Jones，"他们聊了聊他的演唱和创作、戏剧、图书以及英国的民谣界，聊到了成功、民谣的正宗性、纽约对他的思维拓展的冲击，以及他无法取悦所有人的问题"。

如今，迪伦获得了2016年的诺贝尔文学奖，且不说他的歌如何，他的诗如何，他的画如何，就他喜食的美国馅饼，以及博若莱等，是不是会成为全球饮食投资的下一个风口呢？

摇滚的味道

这年头，就算是一普通人，能在街上气定神闲地吃一碗面，不容易。

如若让代表自由、独立的摇滚歌手，一改歇斯底里而静心吃一碗面，似乎更是一件难事。事实上并非如此，2016年，有好事者捕捉到了摇滚歌手窦唯骑电动车在北京新川面馆吃刀削面的情景，这让国人唏嘘不止，大呼落魄天神降临凡间。

是啊，窦唯没把自己当回事，相反有些人却认真了。

在摇滚明星看来，美食和音乐一样自由。与地缘不可割舍，都是DNA中的一部分。

比如，豪爽的西安美食，造就了不少忧郁颓废孤独的摇滚歌手。郑钧也曾坦言，无论去哪儿都会先寻找西安美食，2014年4月5日晚，他在微博发了一条"摇滚式表白"："今生今世要撑死，就一定要死在陕西饭手里。"配图是两碗小炒泡馍，让人倍感温馨。

有人做了总结，要想成为一个好的摇滚歌手，就要在西安定居，最好选在莲湖公园方圆一公里范围内，要接受这里的文化熏陶，每日围着莲湖公园跑步，因为郑钧、许巍都是从这儿跑出来的。在我看来，围着莲湖跑并不重要，重要的是要围着莲湖吃一遍那些地道的陕饭，这样才有可能会成为"西安三杰"（郑钧、张楚、许巍）。比如公园西门外的真爱中国馆，关中特色，老陕菜，尤其黄河鲤鱼烩饼，味道很西北。再比如马洪小炒泡馍，馍都是手撕的，孜然辣面炭火上飞，每一位食客，每一个厨子，似乎都有一颗摇滚的魂，骚动的心。

反观银川这个城市的饮食气质，同样影响着本土摇滚音乐。苏阳曾在一篇文章里回忆了他早年随走穴团跑龙套的故事："每顿饭都是漂着小磨香油花的二两半饺子。从那以后我再也不吃小磨香油和水饺。"这段话许多人记住了，小磨香油被高级黑，连我这样的苏阳迷大老远闻见香油就想吐。

曾为电影《疯狂的石头》创作音乐的民谣歌手、宁夏布衣乐队主唱吴宁越，一次在某电视台做美食节目，自称就爱宁夏那碗羊肉面，尤其是妈妈做的。美味的感召力还被他带到了北京，创作了歌曲《羊肉面》："一碗热腾腾的羊肉面，汤浓面香，喝一碗滚烫的面汤，原汤化原食。你回家吧，困难的时候，回家妈妈给你做最喜欢的呀，羊肉面……"据说北漂期间，因这首歌广泛传唱，许多粉丝都追着吴宁越要吃羊肉面，没办法，夫妻俩只好在朝阳区一个朋友的酒吧里，临时支起了锅灶做羊肉面，后来菜谱上又多了宁夏麻辣烫和小炒，生意越来越好，甚至排队预订。

要说来，独立艺术圈里的人蹭吃蹭喝很正常。北京树村，一个道路泥泞、垃圾乱飘的城中村，却是北漂摇滚青年的理想国，所有的人都住着每月100～200元租金的小斗室，一日三餐白米粥和馒头轮流吃，"饭点"有人拜访蹭饭，唯一的招待方式就是往大米粥的锅里继续加水继续煮……条件好一点的能吃上方便面,十天半个月能吃上一次炒菜算是奢侈了,多数人一整天只垫一个包子,或半斤烙饼就着凉水下肚。就是这样的伙食,树村却喂养出了像舌头、木马这些小有名气的乐队。多数人却一直徘徊在音乐工业线以下,平均月收入不到1000元。

与国内摇滚青年生活的"囧"相比,欧美一些摇滚人生活状况似乎更优越一些,即使落魄站在街头,也不至于天天啃馒头。何况这些年来,一些独立音乐人和摇滚乐手开始涉足电影领域,为好莱坞大片配乐,这样一来,牛奶咖啡有了,面包黄油也有了,生活自然过得滋润。

事实上,在欧美,音乐融进了大部分人的生活,并一度影响着人们的生活方式。比如全球流行乐坛摇滚巨星、披头士歌手保罗·麦卡特尼曾经迷上了印度瑜伽,迷上了素食,数以百万的美国人也随之群起仿效。披头士吉他手乔治·哈里森,在印度上师的告诫下也成为素食者。鼓手戈·斯塔尔也试过一段时间,但最终没有坚持下来,因为打死他也抵挡不住炸鱼配薯条的诱惑。

再拿美国摇滚歌星邦·乔维来说吧。2011年,他在家乡新泽西州的红岸市,用一个废弃汽车修理厂改造了一家慈善餐馆,名曰:心灵厨房。这恐怕是世界上为数不多的不设菜谱和价格的餐厅,所有的美食免费享用。且杜绝一切油炸食品,推崇甜菜沙拉、自制胡萝卜蛋糕等健康美食,甚至很多蔬菜直接顺手摘自餐厅外的田野。邦·乔维尝遍了大半个地球吧,可他还是最喜欢自己的心灵厨房,你不能指望他下厨,可"洗碗专家"的美誉还是名副其实的。

毫无疑问,当中国摇滚歌手不知美食理想为何物时,欧美那些音乐老炮们，却已经进入了舌尖上的朝圣王国。

看过美国纪录片《我们都爱三明治》的人，一定知道吃货猫王和他秘密菜单的故事。猫王听说科罗拉多有一家餐厅出售一种用花生酱、香蕉、培根简单配制，却又无比奇异的三明治，于是不远万里，跑去品尝。不尝不要紧，一尝却深陷其中不能自拔，干脆将配方要回家，天天DIY，久而久之就吃成了"肥猫"。

一个乐队之所以牛，不仅仅是因为那些牛的音乐，还有牛乐手背后那些传奇饮食的故事，比如英国70年代华丽摇滚宗师大卫·鲍伊，喜欢吃火烤芭蕉，而且一生对土豆爱得忠贞不渝，可惜，以土豆为原料的牧羊人馅饼，将他拖向了生命垂危的边缘，虽然后来他把土豆戒掉了，可还是没逃过死神的召唤。

除此之外，涅槃乐队主唱科特·柯本喜欢水和米饭——是不是中国人说的开水泡米饭？史密斯飞船乐队爱吃玉米，AC / DC爱吃芝士和饼干，美国著名吉他手Slash爱吃披萨、意大利料理和法国菜。而哥特女王苏克西·苏克丝最爱的是煮鸡蛋和面包配豆子，苏格兰Biffy Clyro乐队则深爱着苏格兰传统食物哈吉斯（肉馅羊肚），等等。

饮食赵雷

对于创作型民谣歌手来说，旋律表达着情绪，歌词记录着生活。

比如说"吃"吧，许多人走到哪晒到哪。遗憾的是，赵雷却很少直接提到"吃"，在饮食上，他完全是一个清新寡淡的修行主义者……有一段时期，最大的愿望仅仅是"填饱肚子"，他曾经在一首歌里这样唱道：

> 我只是一个穷小子
>
> 我只是一个穷小子
>
> 生活简单得就像是一块石子
>
> 我只不过是一个唱歌的孩子
>
> 只要能填饱我的肚子……

2014年10月，赵雷到哈尔滨演出，当地人给足了面子，为他准备了一个高大上的小剧场。据说那次共卖出去600张票，每张票都在百元以上。本来就小有名气嘛，按理说也可以摆摆谱，拿拿架子什么的，可赵雷很随和，住的不是青旅就是汉庭，吃嘛，街边小摊，别人请他吃大餐，不去。

为什么不去？他觉得麻烦啊，还有一个重要的原因，那就是赵雷是回族，纯正的穆斯林。

穆斯林外出饮食不便的确是个问题，尤其对于一个长年流浪在外的穆斯林音乐人来说，吃饭不仅关乎温饱健康，更关乎信仰与修行。

因此，他只能吃素，喝白开水，然后就是面条，面条，永远是面条……

即使这样，他始终没有厌倦面条，音乐信仰和宗教信仰的意念压过一切，因此，对他来说，白开水也能喝出可乐，拉条子也能吃出意大利。

赵雷第二张专辑中有一首《吉姆餐厅》的歌，想必大家都熟知。

对于这张专辑，赵雷表示："我总是习惯从工作室出来之后，坐在隔壁胡同的清真餐厅里点几个肉串喝瓶啤酒，吃完，一个人骑着小摩托车，无拘束地回家睡觉。因为想念母亲至深，导致我总有一种钻心的孤独。"

那么现实中到底有没有吉姆餐厅？答案是：没有。有人认为，这不过只是一家正宗的兰州牛肉拉面而已。赵雷在他的歌里唱出了一个关于美食和母亲的"乌托邦"。

"每个人都是吃母亲烧的菜长大的，可有一天你长大了总会离开母亲，一个人打拼的时候肯定不能每天吃到母亲做的饭，就会去菜馆，或去朋友家吃，相当于保姆给你做菜，但都是吉祥的，都应心怀感激。"赵雷取"吉姆"为"吉母"的谐音，就是来表达他的感恩，并将怀念"妈妈的味道"寄予一个普通的餐厅里，并将它永远装在心里。

在赵雷看来，吉姆餐厅是泛指，不是特指，因为每个人心中都有一个母亲，所以每个人心中都有一个吉姆餐厅。

在西藏的时候，赵雷每天都吃素，吃盖饭，偶尔点盘牛肉，还被同伴争来抢去。

但更多的时候，他通过晒太阳喝甜茶来打发漫长的时光。

他经常去的茶馆是拉萨非常有名的光明甜茶馆。纯藏式的，供应传统藏面和甜茶，装修极简，完全呈现了西藏风情，来这里喝甜茶的藏民很多，也有不少游客，比如背包客、都市小资、游吟诗人、画家、流浪歌手等等。会有各种奇遇。

进门没有服务员招呼，落座以后，会有一个穿白大褂的阿妈过来倒茶，收钱。据说这里的甜茶论磅卖，也论杯卖。论磅卖的装在暖瓶里，论杯卖的装杯里。一杯才七八毛钱。装满了甜茶的暖瓶可以租，交点押金，就可以拎走，随便拎到什么地方。这一点，赵雷的歌曲《阿刁》中有唱：

　　阿刁住在西藏的某个地方

　　秃鹫一样　栖息在山顶上

　　阿刁　大昭寺门前铺满阳光

　　打一壶甜茶　我们聊着过往

从歌中能看出，是赵雷和阿刁坐在大昭寺门前，喝着从甜茶馆打来的甜茶聊天……

西藏的甜茶有数百年的历史了，有人说是当年英国人入侵西藏时留下的，也有人认为是从印度和尼泊尔传来的。不管怎么说，煮甜茶所用的红茶，一定是沿着茶马古道从中国内陆运往西藏高原的。

藏人通常用大锅煮甜茶，"大瓢一挥，成袋的奶粉尘土飞扬地往里倒，那些奶粉的外包装极其简陋，也不知是从哪儿进的货……"。在拉萨开过旅行驿站的音乐人大冰曾这样描述过煮茶的情景，而当年赵雷就在他的驿站弹唱。

赵雷现在火了，让他彻底火起来的是《成都》。歌中唱到了玉林路的"小酒馆"。别以为"小酒馆"小，名气大着呢，在成都的民谣圈子里相当于银川的铜管Livehosue，充当着酒吧的同时，这里也一个原创摇滚大本营。

2015年成都糖酒会期间，在当地朋友的带领下，我曾到玉林路。那一带有数不清的美味，名目繁多的串串，满街飘香的火锅，简直就是吃货天堂……为了感受当地的摇滚现场，我也到访了歌里的"小酒馆"。消费并不高，人均也就50元，我点了一杯非常迷人的"墨西哥日出"，口感很丰富，有一种泡泡糖的味道，据说滚石乐队的成员迈克·杰格特别喜欢喝这款鸡尾酒。随后，我又点了一杯"小酒馆"，甜中带涩，很奇妙，应该是这里的特色了。朋友点了一杯"长岛冰茶"。

不论酩酊，还是微醺，成都小酒馆对于所有人来说，永远是驿站……

　　正如赵雷那样，只是经历，并非享乐。流浪注定是饱受永恒的清苦，他曾说，每到一个地方，"如果好吃好喝地伺候我们，把我们弄得一点磨难都没有的话，又有什么意义呢？"。

　　所以，"以面充饥"成为他大写的冷暖人生，这是生活的本质，更是信仰的使然。

不懂吃的诗人值得同情

作为一个诗人,这几年突然摇身一变,成为极品吃货,许多人不解,问,怎么突然写起了美食文章?

我说,万般皆下品,唯有口福高。人生不过一缕烟火,诗人不能活在高冷里,如若饮馔不精,朵颐不快,枉来此生。

好的文字,应该交由好的诗人来打理,这就好比烹饪,什么样的文字需要炝、炒、煎、炸,什么样的文字又需要慢火来细炖,这都得根据不同的语境来定。对此,法国学者吉雅德认识得很透彻,厨师和诗人都自有一套神秘的语言,而烹饪和写作的快感恰好都在于此。

美味对诗人的诱惑格外大,因此我们不难理解,为什么那个用黑色的眼睛在黑夜里寻找光明的诗人顾城老戴着帽子,穿得像厨师似的,据说那样的帽子是用一条破裤腿做的。用诗厨的形象来遮掩内心,这就是顾城的秘密。

20世纪90年代,诗坛上有一大批成名诗人弃文从商。重庆诗人黄珂就是其中之一,他做菜讲求简单和不安分,一锅清水、几片肉,加萝卜一炖,什么调料都不放,就是赞不绝口的连锅汤。写诗最忌一成不变,做菜也一样,黄珂喜欢炒回锅肉时丢两片苹果在里面，炒鸡蛋也要放点醋……如果说黄珂是用意气在做菜，那么在成都开餐厅的诗人李亚伟则是用意念在享受菜。一次关于诗歌的对话中，李亚伟向我阐述他与黄珂的不同，他说："在美食问题上我确实想做到心素即佛，但现在境界低，贪恋肥嫩香鲜。"

与黄珂、李亚伟都不同的是，诗人、美食家、专栏作家二毛，对美食的理解却更精道，他认为"凡是尖尖角角的部分，都是最好吃的"。想想也是。江南诗人车前子，更是深谙"味言道"："饮食就是梦游，那么写所谓饮食文章，就是痴人说梦，说不尽的云山雾罩，不见味，也不见道，或许自有一段华丽的凄凉豹隐南山……"语伞、王妃、舒丹丹等几位当下女诗人，个个都是厅堂厨房来回转的大吃家。

在外国诗人中，也有贪吃的大师。智利聂鲁达算是"知味、知烹"的奇人。他写过一首歌颂鳗鱼汤的诗："在智利的汤歌里/远海岸/熬鱼羹……现在只需加一勺奶油/油汤里/沉重的玫瑰/在温火下/缓慢释放出香浓美味……"这几年还流行一种菜谱诗。"要做菜了，可别失败，你需要的/是一只碗，一个深口炸锅，面粉和麦芽酒……"这是英国第四大连锁超市的"食品桂冠诗人"莫尔的菜谱诗。其实在中国唐朝，就有人写菜谱诗了，据说有位高明的厨师，喜欢用名人诗句做菜名。每当他烧好一个菜，都要配上　句名诗，天长日久，大家都称他为"诗厨"。后来，更有宋代诗人苏东坡、南宋诗人陆游、清朝诗人袁枚等美味居上，不在少数。

我记得新加坡籍华人诗歌翻译家范静晔在他的博客中写了一首《烧茄子》，有细节，有想象，有情节，有气势，将整个烹制烧茄子的过程再现了出来，读后令人口生津而心欲醉：

"……接着，我在莫扎特的弦乐中准备配料，切了五花肉片腌下/再将蒜瓣剥去蝉衣……我在犹豫怎么用葱姜辣椒和香菜，是在开始时油焙/还是出锅前撒上去提味，这关系到首要满足的是哪种感觉……"

自命诗人的焦桐说过，"不懂得吃的人值得同情"，我说，不懂得吃的诗人，更值得同情。

舌尖上的文艺鬼

当一个文艺鬼撞上一本菜谱，有两种情景，要么秀才遇到兵，即使菜谱写得多么绚丽，文艺鬼的脑海里仍旧"一片汪洋都不见"，白茫茫，那个无助啊。要么，此文艺鬼是一个精灵鬼，干巴巴的菜谱，也能被他识出水来。你是哪款文艺鬼，试试看吧。

上面我提到的两款文艺鬼，要论文艺，很逊色；要论鬼，还鬼得不够彻底。

我理解的文艺鬼，应该像亨利·米勒那样，爱恋法国的巴黎，也爱恋巴黎的美食。

我喜欢亨利·米勒，是因为每一个文艺鬼，在享受饕餮时仍像他那样，忘不了顾盼左来右往的女孩子，因为，每一个文艺鬼的心里装有一个吹口哨的色鬼，还装有一个拎酒瓶子的酒鬼……

如果读过亨利·米勒这厮的自传三部曲之《北回归线》，你就会知道在他的宴饮生活中，嫖妓是一道美味。在1934年12月14日《致阿娜伊丝—宁的信》中，米勒坦言了自己的这一喜好："在那儿，我有生以来第一遭看到了那么多漂亮的法国女子……"同时曝光了他最爱恋的吃食："当然，我们吃了龙虾、牡蛎、鸽子，还有一些我从未见过的甜点，喝了一些品质非凡的葡萄酒，口感非常细腻，还喝了查特酒和咖啡，等等。"

从米勒的信件中，看到了典型的法式大餐。先说这龙虾吧。

龙虾之于法国，必然是喜庆的象征，也就是说，只有在特别隆重的场合，法国人才会大啖龙虾。那么，1934年12月14日那天，对于文艺鬼米勒来说，到底发生了什么大事呢？据说那天亨利·米勒被人邀请，在巴黎的和平咖啡馆吃晚饭……

说到牡蛎，我脑子里没有牡蛎的概念，兴许在某个场合吃过。最早知道牡蛎，还是通过法国小说巨匠莫泊桑的《我的叔叔于勒》一文，印象中书中的人吃牡蛎就跟我们现实中吃土豆一样。看来法国人的"牡蛎情结"，堪比我们山里人的"土豆情结"，应该受到尊敬和呵护。

印象中最不道德的是，小时候明明没见过牡蛎，老师却让你描述吃牡蛎的情景。我只能想象它应该被埋在土里，或者煮熟剥了皮吃……我撒了谎，因为我吃牡蛎时假装在吃土豆，或者说，我假装吃牡蛎时正在吃土豆。

然后说说鸽子。

我是很少吃鸽子的，因为我爱恋它走路时脖子一伸一缩的样子，仿佛镶嵌了一根弹簧，我不吃鸽子，还因为鸽子被唱进了祖国妈妈的生日之歌里了，它代表和平了么，它还衔来一根橄榄枝——反正，鸽子是不能乱吃的。

后来，吃过银川的鸽子面，还吃过辣爆味的。总之，鸽系美食经久不衰，究其原因，"一鸽胜九鸡"的缘故，营养价值高，吃一只相当于吃九只。另外，鸽子有极大的药食功效——但不是所有的鸽子都有同等功效，比如灰色鸽子就不如白色的，所谓中成药谱"乌鸡白凤丸"，这里的白凤不是白粪也不是白色的凤凰，而是特指白色的鸽子。

至于文艺鬼米勒吃的那只鸽子，到底是蒸的还是炒的，或者是手撕的？有人说，米勒那天吃的是酿鸽子。这种酿鸽子的做法是，把鸽子内脏清空，然后填入特制的馅料，缝上开口，放入汤锅烧上十余分钟，再加入白葡萄酒，把火关小，30分钟过后，就可以食用了。

我认为文艺鬼米勒吃的是用香桃木葡萄酒烹制的橄榄鸽子肉，这种吃也恰恰应了米勒"喝了一些品质非凡的葡萄酒"的事实。

你吃的只是欢喜

　　车前子四大本皇皇巨著一次性出版了，分别是《茶墨相》《懒糊窗》《苏州慢》《味言道》，从网上订购了一套，茶余饭后翻阅，可谓心静宁神之法器。之所以花一百多元买下这套书，基于两方面的考虑：一、诗人车前子诗书画文俱佳，是当代不折不扣的江南才子，尤其他的小品文、散文更是别具一格，自成一家，不得不读。与车先生五六年前在一次诗会上认识至今，也算是故交吧。我主持的《诗品》杂志曾刊发过他的国画作品。二、这套书由好友李林寒倾心策划，林寒是甘肃天水人，与我是一衣带水的隔山邻居，我祖上也是天水，所以我俩也视同乡党，不论是出于友情，还是乡情，理当支持。

　　车前子与那些市面上常见的美食作家不同，不拘泥，不煽情，不花哨，不卖弄。他通古博今，文化涵养甚高，美食文章写得大气而细腻，视野开阔，文笔潇洒，深刻含蓄，让人过目难忘。

　　在《味言道》一书的自序中，车前子一开始就给自己的美食文风定了基调，通过阐述"味言道"中的寓蕴之理，亮明了他寓理于事、寓理于情、寓情于物的美食态度："饮食就是梦游，那么写所谓饮食文章，就是痴人说梦，说不尽的云山雾罩，不见味，也不见道，或许自有一段华丽的凄凉豹隐南山……"

一部美食纪录片《舌尖上的中国》火遍了大江南北，那种镜头特有的娇柔，那种解说拿腔拿调的姿态，那种语言讲述的故作深沉，一开始倒是格外新鲜，成为引领众多美食吃货争相追捧的风潮，一些美食作者、美食影像从业者，从配音到解说纷纷模仿，大有过犹不及之嫌。

新媒体的发展，为这股风潮火上浇油，大多美食微信平台从业者提不上台面，大多是传播学上的农民工，在文化视野上宛如烟尘障目，粗制滥造的美食小文东拼西凑，满目疮痍，不忍卒读。即使如此，却人人充大，自称美食家。对此，我非常赞同车前子写在《一个人的末日》中的一句话："喜欢吃蟹的人算不了美食家……就像山东人吃葱吃蒜也到狂欢的台阶上，你照例不能说一个喜欢吃葱吃蒜的山东人就是美食家。尽管美食家就是喜欢吃，但除了吃欢喜之外，美食家更多还是特立独行别具匠心。"

那么如何引导读者龙眼识珠，从纷乱中理出"真货"，却又避免治丝益棼，唯一的办法就是让真正的好作品"剑拔出鞘"。我之所以力荐车前子集大成之作《味言道》，就是希望以此来固本培元，扶正祛邪。我想只有如此，方能不负人间美食，更不负天下美文。

那么在这本书里，车前子写了哪些美食呢？待我粗略地梳理几款。

前不久与一厨子聊天，聊到平民大白菜，于是解开了我多年的一个疑问：为什么人们喜欢把白菜储藏在冬天吃？原来秋后采摘的白菜，在经过秋霜的反复"洗礼"后呈现出"叶青垛小"的特点，入口宜嚼，香脆绵柔。冬天的白菜更是美如笋，营养丰富，而且有护肤和养颜效果。大白菜承载了一个时代的记忆，不论是在农村，还是在城镇，谁也忘不了那些年家家户户晒白菜的情景。在《吃它一年》中，车前子写到了江南人记忆中的白菜，称白菜"像蔬菜中的将军"——国民菜敦实憨厚的形象跃然纸上，只是与江南"生吃，拌点鲜酱油、白糖"的吃法不同，北方人的白菜常用来烩肉汤，当然了主要还是腌制酸菜，那就是妈妈的味道。至于车先生谈到的"白菜烂糊肉丝"，我想在那个年代，想必白菜居多，肉丝奇缺，带着点清汤寡水，算是很富足的美味了。

现在旅行美食很火啊，什么叫旅行美食，顾名思义，走在路上吃到的美食。与那些一路走一路搜寻刻意摆拍的美食不同，车前子笔下行走中的美食质朴自然，且有那么一点点野性的味道。如果说茱萸桥下的茅草是江南一个侧影，那么兰州或西宁的羊肝则为大西北的美食撑开了一副铁骨铮铮的魂。车先生通过《路上》这篇文章，追忆了曾经在西北街头吃羊肝的情景，他要了二两，又要了二两，可见有多美味。切羊肝的是一位老伯，"把羊肝切得薄如清风"，可见其刀功之深厚。"吃出了淡淡绿意，和祁连山上的积雪"，可见民间美食之醇香。

秋来到，辛香美味的韭菜花上市了，连日来赶早市，总见有一堆一堆的韭菜花，却犹豫不决、怯于下手。小时候见邻居自制韭菜酱，我们家却没有吃韭菜花的传统。要是知道车先生也好这一口，无论如何我也要称它个半斤八两跟跟风。说实在的，真想去车先生去过的长春九台田家屯，品尝一下翠翠的绿绿的鲜鲜的咸咸的腌韭菜花。

看来车前子喜食秋食，在《一个人的末日》中，他将江南人吃蟹的仪式感活灵活现地写了出来；金秋时节鳜鱼肥，这个季节少不了江南上品佳肴松鼠鳜鱼，要么清蒸，要么红烧，车前子却在《松鼠鳜鱼》一文里说"生吃最爽"；读了《立秋》，才知道江南人在立秋这一天要吃西瓜，北方却恰恰相反，立秋以后，西瓜基本上渐次退场；北方人中秋赏月除了吃月饼、水果，好像再没什么可吃的。我小时候农村人还吃老蜂蜜，车先生在《中秋节的吃物》中描述了南方人中秋赏月必吃这五宝——月饼、芋头、水红菱、梨、荡藕。不知道当下保留了几宝。

说到芋头，车前子在《山芋的白吃甜吃与咸吃》中描述了白吃甜吃咸吃三种吃法，无独有偶，我突然想起微信里有人曾经晒了另外一种吃法，称江南人还可以蘸着辣椒吃，此为辣吃。我不知道是不是真的，我只知道四川人有辣炸芋头片的吃法。

江南历来人才辈出，文化底蕴深厚，每一种美食的味道深深地渗透在文人的骨子里，笔墨之间，酸辣苦甜咸五味俱全。怪不得车前子在《咸菜雪菜》中说道："吴昌硕在苏州一住二十余年，石鼓文写得出类拔萃，有腌雪里蕻的味道。"

车前子笔下的吃物，并非什么山珍海味，也不是什么洋气十足的西来食品。比如西湖藕粉，只有坐在长板凳上吃才有味道。再如山西面食，每一款精耕细作，可汤可菜，下酒下饭。还有北京的奶饽饽、绍兴的苦笋、南京的芦蒿、赵州的驴肉、福州的荔枝肉、苏

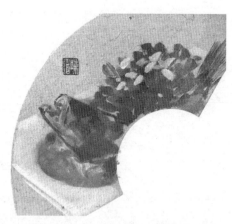

　　金秋时节鳜鱼肥，这个季节少不了江南上品佳肴松鼠鳜鱼，要么清蒸，要么红烧。

州的冬酿酒、扬州的炒饭等等。可谓有南有北，不过基本上仅限于作者生活的两大圈内，即江南与北京。西北风的味道还是少了点，有机会请车前子莅临塞外，品鉴美味。

拉拉杂杂就谈这么多吧，作为读者，聊得多美气也不及亲口尝一尝《味言道》里的可口吃物，还是随着车前子先生的美文，去美味的策源地进行一场舌尖之旅吧。

灶台鱼，木柴烧

洪荒年代，自从那燧人在河南商丘钻木头取火，便发明了熟食，从此揭开了人类舌尖文明之旅。

燧人以前是没有名字的，为什么叫燧人呢，因为他钻了一种遂树的小树枝。话说这遂木又是什么木，这就无从考证了，我猜测可能是所有树种的祖先吧。

好在有了火，有了木，我们人类便可以烧饭做菜了。

由此，历史上便有了浩浩荡荡的樵夫大军，《诗经》中多处出现了砍柴的场景，比如《齐风·南山》说："析薪如之何？匪斧不克。"《国风·周南·汉广》中又这样说："翘翘错薪，言刈其楚。"前一句强调砍柴非得用斧子，后一句则说砍柴就要砍那些高高的柴。由此可见，《诗经》就早早地教授了我们砍柴的方法论。

白居易说："卖炭翁，伐薪烧炭南山中。"看来到了唐代，人们已经完全深谙砍柴之道，而且已经掌握了木变炭的化学特性，并运用在了生产劳动中，且将烧炭变成了一种普通的营生。

到了二十世纪八十年代，诗人海子说：从明天起，做一个幸福的人，喂马，劈柴，周游世界……这让木柴们突然诗意爆棚，平添了几分凄切。

但是有一点，在没有发掘煤和发明电之前，烧木是人类唯一实现舌尖诱惑的手段。而且这种手段至今仍在广泛沿用。

那么，我们通常用原始手段烧饭时，该用柴来解决，还是用木来实现呢？对于这个问题，我在下面详细分析一下。

若选择柴，这柴又分多种，且均以草本为主，草本又分千百万，每种特性不同，燃力不同，做出来的饭味亦不同。依我小时候在地球上的毛家湾（本人出生地）的观察来看，用麦秆烧饭，火头旺，适合炝烧，如果用来烹肉食，则是极大的浪费，如果撞上熬煮老驴肉之类的货，恐怕烧上一架子车的柴火，未必能入味。炖肉，毛家湾人首选草胡胡，草胡胡是一种可以用来造纸的针茅草，它的特性是，铲不断、挖不死、扫不光、烧不枯，有极发达的根系，生命力非常非常顽强，堪称草中的小强，柴中的战斗机，我想白居易笔下的离离原上草恐怕就是这种柴草中的猛男。正因如此，使得草胡胡在人类等世间列强面前显得极为强悍，尤其当它被用来烧饭煮肉食时，它的硬汉特质表露无遗，燃力逐步提升，被它吮吸的大地深处的水分和养料，也源源不断地输往锅中美味……

如果选择木来烧饭，又是另外一种境界。

我记得小时候，母亲通常选用一些木匠弃用的下脚料来烧饭，但不同的材质，不同形状的料在烹制上又有微妙的变化，比如松木料，由于油脂大，遇火便哗叽哗叽个不停，燃力小，但煮的饭有一种森林的松香味，或者说是汽油味，这一点酷似柳木，或者杨木。类似的木头水分轻浅，煮出来的饭也未必有特色。从料的块形来讲，细长形的易燃，苗头足，但后劲欠缺；圆形的块料，内力旺，有爆发力；不规则形的料，会因受热不均而出现未尽燃的现象。另外，从木料的生成手段来讲，也是有区别的，比如用斧子劈的木易燃，火头足；用锯剖的，火头浅，但耐烧。二者所烹烧之饭，口味亦有区分，需要细细品辨。

除了以上柴料与木料之外，还有两种可议燃料，那就是介于柴与木块之间的树枝，另外一种便是锯末。锯末未燃就已经自带几分燃力，烧起来无火头，但我们考究的就是它的慢功夫，在我们毛家湾，锯末通常用来煮最为顽固的牛筋肉。如今在城市里，仍有一些特色餐厅用锯末来煲汤，据说温火煲出的汤，味道极鲜美也极纯正且不油腻，营养价值极高。同时又不得不警示大家的是，锯末先生是木柴江湖上的蒙面祸手，消息称，曾经人世间有一辆载满锯末的大卡车在马路上跑着跑着就突然烧了起来。另外，在锯末史上，锯末还烧毁过内蒙古包头一座数百年的古寺……

说实话，木烧饭在城里已经很难吃到了，许多餐厅打出炭火炒菜的名头，事实上已经与烧木没有任何关系。多年前，我在银川新华东街的一家东北特色的餐厅吃过铁锅炖鱼。砖砌的灶台，铸铁的大黑锅，燃料原本应该是木头，不过那天天气不好，木头受潮，一个劲地冒死烟，呛得人半死，后来干脆改用煤炭，才算抢救回来了一点尊严。当时服务员捞鱼的时候，还让吃货们跑过去观摩，我顺便又与一条鱼王合影，可惜它不鲜活，而是冷冻在冰柜的。好在终于吃上了这美餐，由于当年见识低嘛，感觉味道还不错。

然而2009年，我随一个采访团去了一趟海拉尔，才知道在银川吃到的铁锅炖鱼还真是"乱炖鱼"。

记得那次，在当地同行的带领下，一行十余人狠狠地品尝了一番正宗的木烧灶台鱼。

什么餐厅名我忘了，好像就在一条街上，几乎所有的店里都有铁锅炖鱼。据说这种店在当地很多，一般什么老渔场、鱼窝棚之类的，都是骗游客的地方，本地人吃贝尔鱼就选择这种市内的老字号的店，味道也正宗。

那灶台是大理石的桌面，很温热，也很洁净，灶膛里噼里啪啦地烧劈柴（应该是杉木或樟木），几乎闻不到半星的柴烟味，据说烟从地下通道被抽走了。锅中烹制的是鲜活肥美的三江水库鱼，来自大伙房水库、关门山水库、观音阁水库和乌苏里江、嫩江、鸭绿江。我们那天吃的肯定是鲤鱼、草鱼、胖头鱼，或者是岛子鱼、鲇鱼、老头鱼、嘎鱼，总之是其中的一种。

在东北，在海拉尔，鱼是绝对的主角，配角只能是牛百叶、大豆腐、大白菜、茄子、土豆、宽粉、金针菇、油菜、生菜、茼蒿了，就连在宁夏称得上餐霸的羊肉片也只能退居其次。

当然了，一千个厨师的心目中就有一千个哈姆雷特式的灶台鱼，即使都是东北厨子，炖河鱼用料大致趋同，但各有千秋，不过谁也少不了一样东西，那就是祖师们传承下来的蒿，蒿可以除腥味，还可增加香味。如果炖鱼不放蒿，那就是跟祖师们过不去，视为不道。

一口酒一口汤，再嚼一口东北大饼，这在海拉尔，那才叫爽。估计连当地人也不会这么傻吃，或者说，即使换作雪花、哈尔滨、喜力、青岛，甚至德国啤酒，我们也未必选择这种吃喝法。然而喝色泽浅黄，清亮透明且由无污染的纯天然矿泉水酿制的海拉尔啤酒，那入嘴一个清爽纯正啊，那到肚一个大草原的结实啊。

这灶台鱼的汤也很有特色，除了熬煮的鱼汁，也有先前配制的大骨头汤，同时还有葱段、姜、大蒜、八角、酱油、盐、加饭酒、美极、醋、白糖、鸡精、胡椒粉、朝天椒、东北豆酱等料，多种极品作用于味蕾，鲜香无比。

说到底，无论是酒好，还是汤好，总之，水好。

《镜花缘》中有曰：彼处不产五谷，虽有果木，亦都不食，唯喜以土代粮。中国人观念中，民以食为天中的食，就是专指令人"喜"的土之粮，而果木则不足为食。

可是在当下，果木烧制，则有别样的风情。

小时候我吃过不少的杏木烧饭。杏木烧起来瓷实，木质间渗透着天然的蜜胶，烧出来的火也是甜甜的，烹出来的饭也自然是香香的。十五六岁时，我随哥哥姐姐去过一个离我家很遥远的远房亲戚家，吃过人家的桃木烧饭，现在回想，那种完全是用古老的方式烹饪出来的食物的香味至今令人口角生津。

即使我们可享用的美味已经多不胜数，可事实上人类探索美食的脚步永远没有停下来，时至今日，木烧饭也呈现出多种奇葩烹制手段。就拿这果木烧琵琶鸭来说吧，想必也是师出京都，在方法上应无大异，比如说鸭子入炉后，要用挑杆有规律地调换鸭子的位置，以使鸭子受热均匀，周身都能烤到。如若果木烧制时，好在无烟，底火旺，燃烧时间长，这样烤出的鸭子外观饱满，颜色呈枣红色，皮层酥脆，外焦里嫩，口舌弹奏，便有一股果木的清香飘溢而出。

　　与此同时，这些年来，有人用果木烧滇鸭，也有人用果木烧制大牛扒，还有人用果木烧鸡、烧鹅、烧鸽，不一而足。前几日，我听闻银川有果木烤滩羊，这又是一种什么样的味啊？我想，有机会一定要去尝尝，临末，还要顺便向老板再讨上一杯枣木灰，可回家喂喂那几盆半死不活的花儿。

乡愁牛杂

　　我小时候很少吃牛肉，我们地球上的毛家湾，至今承袭着古代农耕时代的规矩：不许屠杀耕牛。即使祭祀最高祖神，也不许。牛和驴、马、骡子一样，主要用来耕作、拉车，它们是我们的兄弟……

　　所以，吃牛就相当于吃我们自己。但也有例外的时候。记得有一次爷爷家的一头老黄牛死了，不是病死的，而是吃了带露水的苜蓿得了瘤胃膨死的。那么大的一头牛，死了，瘫在地上，就是一堆肉。

　　那时候我只有十几岁，不懂得惜疼生命的可贵，只记得一大家子几十口人围在死牛前，吵吵闹闹，你推我搡，好不热闹。爷爷负责提刀分肉，他不懂得哪里是里脊、上脑、眼肉、西冷，更不懂得哪里是嫩肩肉、小米龙、大米龙、膝圆、针扒、尾龙扒，但是会计出身会拉二胡兼做木活的秦腔老生演员爷爷大人，心里却藏有一张触不着摸不见的牛肉部件分割图，他提刀刷刷几下，就像庖丁先祖，一会儿的工夫一头完整的牛就被肢解了。

　　那次，我们家分到了一块上等里脊、一块普通腹肉，同时额外赠送了一堆看似无用的牛杂。那时候，我们都不会烹制牛肉，更别说牛杂了，甚至连白下水红下水都分不清。这可好，一下子愁坏了母亲，后来通过多方打听，我们从"南里"（陇南一带）姨妈那里得到一套清洗牛杂的方子。就这样，母亲先刮掉肠胃内壁一层厚厚的脂肪，再用极具药用功效的戎盐擦洗，这是一道孤独寂寞冷的苦力程序，劳心劳神的母亲擦洗后，我们兄弟姐妹每人还要轮流擦洗若干次，最后用石磨面粉擦洗一次入水烹煮，晾干后就可以食用。事实上洗得再干净，也洗不掉牛杂那特有的"重口味"。

那是我20岁之前唯一一次吃牛杂，过程近似冒险。好在自打咬下第一口，就注定了我与那浓香筋道的舌肉、质嫩味鲜的肺肉、脆滑爽口的肠串、咸鲜醇和的百叶结上了食缘……没有十三香，没有味极鲜，只有一口大土锅，一把柴火，一撮青盐，一股粉条，几块土豆萝卜块，不登大雅之堂的肠肠肚肚混合着青草气息和神奇的粪香，烩出了毛家湾史上的第一锅牛杂。

此后，就很少吃到过这样的原乡美味，也因宁夏人霸气的羊杂，少年时代那份仅存的牛杂记忆被挤在了"食光"之外，时间久远，也淡出了那一抹重重的清欢。

直到近些年来，时有品享，儿时的牛杂复又苏醒，时时鼓动着我的胃膜，曾一度兴味来袭，奔走于银川的大街小巷，寻觅宁夏最纯正的牛杂。有一次去一家市区老店吃饭，不料席间端上来一份惊艳的百年牛杂锅，下箸唼之，热辣辣的牛杂入口即化，把你的胃熨帖得舒舒服服，真是人间仙味。据说肉汤熬制有方是这家餐厅的制胜法器，肉是直接从农民手里购来的海原黄牛肉，汤自然是牛得不得了的牛骨汤，即使如此，在汤头料头上我认为还是有其不可外宣的机密。

我曾经吃过宋代主题的黄家牛杂面，口感麻辣滑爽鲜韧，商家说吃到嘴里的面要经过27道秘制工序。前不久有人推荐牧馔林的牛杂砂锅，因是午后吃饱了撑着去的，我只点了个袖珍锅，中辣，吃了感觉味道马马虎虎，遗憾的是量太少，只捞出了几根牛肚……

几年前，去郑州时品尝过正宗的罗府牛杂粉，相比宁夏，这里的牛杂肉质差了些，甚至把任何一种牛杂粉中的食材拿出来单独比对，都不如宁夏的上好，但是只要将牛杂、粉条、油炸豆腐丝、秘制料油、牛骨汤、葱香六者合炖起来，味道就一下子变得妙不可言了。2013年去青海参加一个诗会，我吃到了就宿宾馆提供的牛杂碎，特殊的地域特殊的风土造就了特殊的美味，果然与别处不同，即便如此，据当地人讲真正的青海牛杂未必能在大酒店吃到，得深入到民间。老青海人的凌晨通常从一碗"杂杂碎碎"开始，牛肚、牛肠、牛胃、牛舌、牛头皮肉烹煮软烂后配上一把青悠悠的蒜苗，撒上一撮胡椒粉，就着白饼子吃，鲜香无比，如果再补上一口浓汤，内心的"满福"感瞬间爆棚。

多好吃的牛杂，没人去吟诵。抚州临川牛杂就幸运多了，先是北宋词人宰相晏殊写下了"无可奈何鲜辣味，似曾相识牛杂来"的名句，算是在口感上赋予了家乡牛杂一个定义：鲜辣。是否天下宰相偏爱牛杂？后有王安石，将原本普通的临川牛杂活脱脱吃出了诗情画意来，并写下金句："春风又绿江南岸，明月清风下牛杂"，不细细揣摩这句诗，很难发现其中的奥秘：原来半山先生选择在万物蒸腾的春季吃牛杂，并非要酷，也非装，图的就是牛杂养肝补脾胃强筋骨之效。《本草纲目》指出，牛肉能"安中益气、养脾胃、补虚壮健、强筋骨、消水肿、除湿气"，看来王安石真不是普通的吃货，而是个大有来头的超级吃货。在推销家乡临川美食上，汤显祖也不甘落后，另辟新意，一句"赏心乐事谁家店，良辰美景是牛杂"道出了牛杂的赏心开胃之功，真可谓心情好，吃什么都是美味，看什么都是美景。民国时期蒋介石在吟诗赋词上不及先人，但他绝对是一个会品噉的美食家，在抚州部署围剿红军也青睐过这道菜，基因使然，他儿子蒋经国在抚州温泉训练新兵时，也酷爱吃牛杂……

牛杂好吃不好吃，在我看来除了雷打不动的风土因子，料头才是关键，一把盐煮到底，想烹出清香扑鼻的上好牛杂饭，那简直就是痴人说梦。什么是吃货精神？不仅"打破砂锅问到底"，而且还要寻到底，甚至亲力亲为，并最终为自己端上一碗亲手烹制的美味，才不愧那赏心乐事、良辰美景。

因是乐吃，现在我已经养成了工作间隙时时寻味逛菜摊子的习惯，出差或旅行，第一个念头也总是直奔当地的菜市场，硕大的双肩包里，经常鼓鼓囊囊，不是装满了食材，就是书本，妻子取笑我像个要饭的，为坚守那一抹清欢，人生何尝不是如此。

一段时间内，盯上一种美味就不放过，可惜银川牛杂店也就那么几家，吃东吃西不过尔尔，别人家的吃多了，手就痒痒，因此自己动手烹才是硬道理。前几日，去银川北环批发市场，购得兴庆区大新乡新水桥牛杂一份，包括牛蹄筋、牛肚、牛肺、牛肝、牛舌，本来想买点牛肠，发现好几个摊位没货，兴许是找借口，许多摊主并不想零售给你。本来想搞点生牛杂自己回家煮，摊主却用轻蔑的眼神瞪了一下，说要想买生的，去屠宰场吧。我自讨没趣。之后又在旁边的菜摊上买了去腥的白萝卜，增味的土豆，提色的蒜苗，以及滋补的平菇，同时抓取了几味主料，花椒、八角、桂皮、陈皮、干姜、豆蔻、草果、白果等。晚餐就做土豆萝卜烩牛杂吧。

第一次在家里做肠肚，从心理上是一种考验，因此拿回家首先用沸水汆一遍是必须的，然后捞出，不论肚、肺、肝、舌，均切成柳叶宽一指长的片，备用。萝卜土豆切成滚刀块备用。用来炝爆的葱段姜片蒜两瓣，也备用。辣椒我选用颜色鲜艳、色红发亮、辣性强、油质大、果肉厚的干线椒。油盐酱醋随时待命。鉴于家里有孩子，我决定放弃辣椒油和胡椒粉，用白灼手法，做成粤式牛杂，让平淡与隽永交汇。

我一向强调，烹菜一定要霸气，比如说点火、热锅、熟油、炝锅，这些动作必须一气呵成。有些人习惯于炝完锅直接倒水，然后下料煮肉，我不这样做，而是对牛杂进行大火翻炒，其间少量盐，进味，少许酱油，滴几滴高度白酒，再加蚝油。

接下来就是烩了。我却在一旁准备了一口砂锅，将炒好的牛杂倒进去，添冷水，大火烧开后下料，然后转小火慢炖，其间添加萝卜土豆平菇，继续煮，最后收火后加入清新高雅的蒜苗，西红柿薄片，盖上盖子焖一会儿，起锅时尝尝汤汁，根据个人口味适量添加盐、醋即可。

有了这一碗亲手烹制的烩牛杂，吃起来牛杂中夹杂着萝卜的清香，清香中又渗透着牛杂的荤味。每个人的记忆里都有这样一碗乡愁牛杂吗？答案是肯定的，正所谓忆到深处最思念，一口气来上两三碗吧，心头暖，莫过于这碗原汁原味的烩牛杂了。

一碗贱民意义上的面

固原的小吃种类很丰富，一直以来，米家的糕点马捞面，哈家的醋坊杨志和的泡馍馆，是固原城里众人皆知的四大饮食名店。然而稍有点年纪的人，对现在的这种"排名排序"并不以为然。他们会说，米家的糕点，那当然应该排在第一位，清顺城嘛，百年老店了。可解放前，固原的四大名吃，那是这样说的：米家清顺城，苏家是麻食，妥师傅的羊肉泡，哈赤儿的羊肉包。谁知道呢。

如今，固原的小吃更丰富了，烤馍锅盔、燕面糅糅现在到处卖。吃惯了细米白面偶尔吃点粗粮也不错。晚上，老汽车站附近的一个小吃城灯火明亮，走进去别有洞天，一个个烧烤店林立，伙计们热情地招呼客人。据说固原城里有兄弟俩门对门开了两家其貌不扬的烧烤店，我不懂规矩，有一次大中午驱车从西吉赶过去吃，没想到人家只有晚上营业。吃过的人都说特别好吃，尤其自从胡锦涛吃过后，这兄弟俩的羊头一下子摇身一变成为国宴极品。

不过最让人难忘的，还是固原的生氽面。生氽面在固原的面食中，算是最有特色的了，尤其以登元氽面最有王者风范。有人讲，固原三营是中国氽面的鼻祖之地，理由是，登元是在三营发家的，这未免有点牵强。固原城里的登元算是分店了，以前服务态度很好，现在生意好了，服务就降下来了。

走进这家餐厅，环境和卫生算不上好，服务员和老板娘更谈不上热情。但餐厅墙上的一副对联倒是颇有几分玩味之趣，"来也罢去也罢，吃吧；兴也好衰也好，饭好"，横幅："概不赊账"。让人看了忍俊不禁，却也彰显出主家"我的饭好我做主"的生意姿态。

"都吃啥呢？"一身回族服饰的老板娘站在餐厅柜台里面冲着这群风尘仆仆的顾客问道。

"来一大碗生汆面！"

"三碗生汆面！"

"再加两大碗！"

人们不约而同地报着同一个面食的名字。不一会儿，一碗碗热气腾腾的生汆面飘着生鲜肉的汆香味被端了上来。亮白筋道的面片上面漂着一层亮晶晶的辣子油，肉汤里配着肉馅丸子和粉条等辅料，先不论味道如何，光是在视觉上就让人垂涎欲滴，先喝上一口汤，顿时让人感觉寒气尽散。

事实上，固原的生汆面并不是原始的做法，有人称之为新派生汆，即生汆丸子汤里下面片，这种面被固原人创新后，一路杀到了平凉，搞得平凉人心神不宁，争先恐后地到处夸这个面有多好吃，满大街的人都在号叫。

对固原人的新派生汆产生怀疑，并不是没有道理，也就是说，对这种新派生汆产生怀疑的人，一定吃过老派生汆。那么老派又是何种做法呢？我突然想起30年前在西吉县城老街上吃到的生汆面，那估计就是老派了。

在当时，那可是县城唯一一家饭馆，或者说，是最具大食堂风情的饭馆，我记得从父亲的工作单位门口出来朝东一拐，就是了。馆子名称我忘了，好像有"米师"两字，又好像有"食堂"两字，暂且认同为"米师食堂"吧，总之，那里有真正意义上最攒劲的生汆面，咱老固原人的生汆面。

话说这"米师食堂"生汆面，讲究的就是生：豆腐生下，西红柿生下，牛肉片生下，粉条木耳黄花菜生下，出锅前，碗底点芝麻油，面入碗中，香菜末姜末蒜末撒上，吃完后，全身大汗淋漓，怎一个爽字了得。我想，所谓的老派生汆，大概也就这么个意思吧。

离开西吉，离开固原，想吃生汆面那可真不容易，如果我的推断没错的话，较早把固原生汆面带到银川的应该是同心人，20年前刚来银川，我就去同心春吃生汆面，至今这个面馆仍因生汆而火爆不衰。

然而这些年，经营生汆面的餐厅越来越多了，比如六盘红、食苑楼，包括目前正在试营业的恒荣楼。味道还都不错，也就是说，大家都做得大同小异，不过坦率地讲，这些餐厅都犯了一个通病：忽略了如何延展地方美食文化的精髓。半年前食苑楼老总邀请我去他的餐厅参观，我说土得掉渣的六盘美食，何以配金碧辉煌的欧式包厢呢？他听后似乎很苦恼，说是要好好改造，后来没听到动静。大多老板以为文化就是挂几幅字画，其实非也。

好在前不久吃过恒荣楼的麻麸馅包子后，让我"不平衡"的心里终于温和了一番，加强了我对固原餐饮人的印象。这种馅内加麻籽碎末做成的包子，让我一下子回到了久远的童年时光。不过现在很难吃到用石磨磨过的麻麸馅包子了，即使是恒荣楼的，也吃不到那种粗馅中残留着石磨温软风情的味美包子。

什么四大名吃，现在提及感觉很遥远，那都是活在记忆里的味道，可望而不可即。

前些年，我对固原餐厅的印象，基本上源于福苑楼，十年前就与该餐厅老板打交道，多次从银川赶到固原采访，吃过他家的饭菜，的确很有固原风味。

早就听说福苑楼许多食材都产自老板的"自留地"，为了保障食用油的品质，餐厅还专门整了一套榨油设备。事实上，但凡做餐饮的人，都希望像福苑楼那样，有一套属于自己的系统，从味美上游到美味下游，每一个环节都不求助于他人，这无疑为美食加上了保驾护航的筹码。可是更多的人面对食品安全隐患的入侵，只能听之任之，甚至变本加厉地参与并成了最恶毒的帮凶。

当经历了贫困饥饿的年代之后，现在回过头来想，我发现固原人在面食中添加任何东西都不足为奇，平日里清汤寡水，好不容易东拉一点菜渣，西凑一星肉末，不管色配不配，味对不对，食材之间相克不相克，总之，一锅烩，巧妇就是这样在毫无意识的拙朴中炼成的，我想生汆面也是这样的产物。

记得小时候，我们经常吃母亲做的白面汤饭，那真是一种"不情愿"的"白"。也就是说，对于一个被清苦扼杀了胃口的农妇来说，母亲在她的面食烹饪学中，总是想尽一切办法，让一碗贱民意义上的面食充满童话色彩，可是努力的结果往往只是一小撮韭叶，纵使少之又少的韭叶漂在面汤上，也永远无法掩饰那一碗碗酷似羞耻的"白"。

因此，母亲们开始尝试添加任何可以添加的食材，比如白面片中添加酸菜串串，添加咸菜疙瘩，添加萝卜丁丁，添加苜蓿团团……相比之下，添加了大米后的汤面饭，有一种西服配球鞋的不伦不类感。

最经典的要数添加土豆了，土豆是饮食中的百搭王。但是将这种优势发挥到极致，还是土豆精华意义上的粉条。柔韧可口的固原粉条，被母亲们慌不择路地扔进汤面饭的那一刻起，就奠定了它在生籴中的意义，从此以后，固原人炒面也是如此，烩面中也同样少不了油亮油亮的粉条。

固原的面食很多，但以生籴为代表的面食，走出油亮腻黑的农家灶膛，走出大山，走向都市，当我们坐在宽敞亮堂的优雅餐厅享用时，贱民意义上的面食，是否练就了一身解数？是否获得了超脱呢？

村有罗宋汤

以前我们村里有个二娃，从小没爹没娘，偷鸡摸狗，不招人喜欢，后来干脆就失踪了，足足五年再也没有露面。记得有一天我们全村人正在地里挖土豆，村口出现了一辆黑色轿车，下来一个人，旁边跟着一个洋妞。有人大喊，二娃回来了。我们不敢相信自己的眼睛，跑到村口一看，哇，果然是二娃。二娃西装革履，梳着锃亮乌黑的大背头，戴着蛤蟆镜，说话卷着舌头。那个洋妞据说是二娃的女友，眼睛乌蓝乌蓝的，俄罗斯人。

二娃有出息了，成为村里第一个娶洋人当老婆的能人，我们这些屁孩子更是欢腾得不行，因为不论是轿车，还是俄妞，都是稀罕物。二娃自然很得意，双手插在腰间，说小朋友们啊，车可以摸，妞不可乱摸，说着哈哈大笑起来。突然又凝重地望着远处的堡子山，说他此刻很激动，特别想赋诗一首。听说他要赋诗，我们更是有了膜拜他的冲动。

村主任说要好好招待二娃，杀头牛，好好炒几个菜让这狗日的二娃和他的妞尝尝。说到这里，二娃二话不说，从轿车的后备厢里提出一个黑色的上海牌公文包，说村主任，我二娃吃百家饭长大，现在有出息了，今天就给全村的乡亲们炒几个菜，以此来报答你们的恩情。听说二娃要做饭，全村人沸腾了，都跑到村主任家看热闹。

这次，我们算是真正领教了什么叫吃饭的仪式感。第一次见识了做饭竟然还要穿专门的衣服，戴专门的帽子。只见二娃穿戴整齐后，从那个上海牌公文包里掏一把锃亮的菜刀来，一会儿又变戏法似的陆续掏出了好几样见所未见的厨具，光是刀就有三五把，其中一把像锯子，还有一把多功能的剪刀，有个像捞鱼的网网，也不知道是干啥用的。

那天，二娃给我们先是做了一道鱼香肉丝——在不见鱼肉的情况下还能做出鱼的味道，真是个能人。二娃还做了盘红烧鱼。鱼是从村西一条古河滩里捞来的，啧啧，村民们发出感叹，那些平日里没人吃的鱼，竟然还可以烹制出这样的美味来。后来，二娃一口气做了好多菜，具体有几道，谁也说不清，有人说是八碟子八碗碗，还有人说十六碟子十六碗碗，然而二娃却说，海派美食讲究的是精致，我们又不是喂猪，做那么多干啥。我们不懂什么叫海派。不过有一道菜我记忆深刻，那就是二娃的罗宋汤。

二娃吹牛皮说罗宋汤是他发明的，我们追着他问，你个狗日的二娃，这罗宋汤肯定是一个姓罗的人和一个姓宋的人共同发明的，你爹不娃罗，你妈不姓宋，凭什么说这汤是你发明的。这话问得二娃不言传了，最后还是这洋姐用蹩脚的中文给我们解释了罗宋汤的来历。

俄妞说，她祖先是俄罗斯犹太自治州的，十月革命时候，流落到了上海，在上海开了第一家西菜社，带来了"我国"最纯正的俄式红菜汤，可是俄式红菜汤又辣又酸，上海人吃不惯，于是就不断改良，演变，就渐渐地形成了独具海派特色的酸中带甜、甜中飘香、肥而不腻、鲜滑爽口的罗宋汤。

据说这种汤的主要成分是甜菜，此外通常还加有圆白菜之类的。不过二娃的罗宋汤既没用甜菜，又没用圆白菜，而是用了萝卜、土豆、番茄和牛肉。番茄是二娃从上海带来的，我们从来没见过。他说，番茄和土豆是罗宋汤中的"哼哈二将"，其中番茄是制造"汤酸"的主要原料，没有它，汤就失去了味道的"半壁江山"。然而土豆的出现，就是冲着牛肉来的，这俩是黄金绝配。

我们见二娃把面粉放入油中炒成黄澄澄的糊糊，百思不得其解，村中有个老人说二娃胡日鬼着呢，糟蹋粮食么。二娃很不屑地说，你们懂个脚后跟啊，这叫油面酱，是外国人做浓汤时用的重要原料，相当于中国人用的淀粉，起到勾芡的作用。但与淀粉不同的是，油面酱黏性非常足，可以瞬间使汤汁浓而鲜美，肥而不腻。

这个时候，洋妞也夫唱妇随起来，她说大家有所不知，罗宋汤好喝不好喝，跟土豆、番茄和牛肉的关系不大，而是跟油面酱息息相关，也就是说，油面酱决定着汤浓稠香郁的关键。说着，她让二娃把平底锅支在村主任家的土炉子上继续表演，并进一步解说："油不能太多，最好用黄油炒。"一听黄油，村民们一脸愕然，问黄油是不是黄牛的油，洋妞赶紧改口说，"不是……不过色拉油也可以凑合，"村民们同样愕然，洋妞干脆说，"用你们的胡麻油吧，烧成五成热。"这时候，人群中有人举手，说洋大姐，为什么五成，洋妞说超过五成面粉就会变焦，此人继续追问，请问洋大姐，你咋知道油就烧成了五成六成的，洋妞傻眼了，没想到中国这个山窝里的人这么难缠。二娃赶紧解围，冲那人骂了一句去你娘的。

接下来，是制作油面酱的关键，二娃说，他今天用的面粉是用细箩筛过的，不过不筛也行，没那么严格。但把控好文火很关键，要快速不停地翻搅面粉20分钟左右，最终，炒好的油面酱不黏铲子，呈松散、滑溜状即可，否则就是和稀泥了。

我们村的黄牛一年四季沐山风，吃野草，肉质很纯。二娃说了，做罗宋汤最好选咱村三年的黄牛犊，具体来说，首选牛腹部的肉，这个部位的肉层较薄，有诱人的白筋，煮的时间多长也不收缩，又有油水，吃起来有嚼劲。牛肉切成块，多大的块，自己把握，总之不要小到一煮就烂成沫子，也不要大到塞不到嘴里。煮牛肉时，加料酒大火烧制，然后出锅前加盐、糖、胡椒粉和挤一点柠檬汁什么的。二娃的意思是，有条件的话，可以加柠檬汁，可是我们从来没有听说过世界有柠檬这种玩意儿。有人问，二娃，这柠檬是啥味道啊。二娃说，酸的。这人说，那用我们家浆水行不。二娃气了个半炸，骂了一句，去你娘的脚后跟。骂完直接闷头切萝卜、洋葱和土豆，或者随便什么了，再也不愿搭理众人的嚷嚷。

总之，我们那天喝上了二娃做的罗宋汤，味道很复杂，不过超赞。意犹未尽的村民边用手背擦油嘴，边忍不住问二娃："你说这罗宋汤究竟是咋做出来的，有什么独特的秘方？"二娃一脸得意地回答："牛肉是你们的牛肉，土豆也是你们的土豆，萝卜也是普通的萝卜，但是当我把自己也放进去时，一切就不一样了。"二娃此话一说，人群中立刻爆发出雷鸣般的掌声，有人说二娃是厨师中的哲学家，多普通的食材在他的大勺挥舞下都会变得特别。

再后来，就再也没喝过罗宋汤，以至日渐淡忘，一直到2000年前后，我看过一部叫《暗花》的香港电影，里面的男演员在西餐厅里点了一道罗宋汤，端上来一看，红色汤带肉丁，似乎还有些蔬菜。正宗不正宗呢，从男主角一脸不开心的样子来看，肯定不正宗。在香港，据说找一家餐厅喝碗罗宋汤都不是事儿，但是几乎没有一家是地道的，因为香港人从来不用红菜或甜菜头。

不要说香港，作为中国罗宋汤的发源地，上海罗宋汤也未必有俄式红菜汤正宗。2013年9月，我和一堆诗人在上海一家餐厅用膳，那个罗宋汤的味儿，有一股肥鸭汤的腥臭味。不管怎么说，罗宋汤改变了上海的饮食文化，这是毋庸置疑的事实。从这个意义上讲，上海克莉丝汀食品创始人罗田安事业做那么大，一定是受到了俄人的启示，从台湾到大陆，罗田安对上海的文化颇有研究，他曾不止一次讲20世纪30年代老上海人家里的简易西餐：罗宋汤配棍子面包或切片面包。直到现在年轻人的父母辈，他们小时候还习惯这样吃。

那个年代，估计罗宋汤在全国很风靡，女神林海音在北平新闻专科学校读书期间，每每和帅哥看完电影，都要约起，到哈尔滨人开的华宫西餐厅吃那里的罗宋汤和煎牛排。然而时过境迁，物是人非啊，当年的"90后"林海音已作古化尘，罗宋汤经过近百年的发展，未见得有多高贵，反而在中国沦落成为食堂里的烂菜汤，随便进一家餐厅，老板都会说先生/小姐，我们这里有免费的罗宋汤你要不要啊，本想占了人家便宜，可是端上来一喝，味道臭烘烘的，完全与正宗的红菜汤味大相径庭。

真的，现在一点也不想多说了，当"食品安全"成为这个时代最扎眼的热词时，我只想引用美国诗人艾伦·金斯堡的一句诗来结束这篇文章："他们蒸煮腐坏的动物肺心脏蹄尾巴罗宋汤和玉蜀黍饼梦想着抽象的植物界，他们一头钻进肉食卡车寻找一枚鸡蛋……"

味在铁西村

如果在夜晚听不到三声夜莺优美的叫声或青蛙在池畔的争吵，人生还有什么意义？

——摘自一八五五年西雅图酋长为印第安部落土地购买案，致富兰克林·皮尔斯总统的信函。

（一）

山谷中烟云迷雾

五日大雨，三天酷热

松果上树脂闪光

在巨岩和草地对面

新生的苍蝇成群

我已经记不起我读过的书

曾有几个朋友，但他们留在城里

用铁皮杯子喝寒冽的雪水

越过高爽宁静的长天

遥望百里之外

美国诗人加里·斯奈德在他的诗歌《八月中旬沙斗山瞭望哨》中，描写了在沙斗山体验的情景，作为一个禅宗信徒、环保主义者，斯奈德的诗歌从某种意义上讲，将人们拉进了自然的"理疗"。

前些年我阅读斯奈德的《禅定荒野》，一直被他所倡导的自然主义所折服。尤其这些天来，每每踯于漠北的旷野里，在晨曦或晚霞之中，我不由得手舞足蹈，或撕扯着嗓子，遥指着巍巍的贺兰山，这个时候，我总会担心自己的手指突然遭受电击，总会想起在斯奈德笔下读到的一则寓言——一向从事印第安人生活方式研究的理查德·纳尔逊曾说过，一个阿萨巴斯卡族的母亲可能会告诫她的女儿："千万不要用手去指山，那样做是粗野无礼的。"是的，一个漠视自然的人，必然是一个有人格缺陷且思想贫乏的人。

正因对自然有了如此敬畏，我才萌生了携手口福的欲望，决定迎着田园的粗野，走向对民间食材的探寻。我始终尊崇内心的思考，尤其读到这首"沙斗山"的诗时，我注意到在斯奈德的饮食哲学里，三天酷热，"用铁皮杯子喝寒冽的雪水"，这份精神意义上的酷爽，绝非"城里的朋友"所能体悟。

是啊，如若不想成为一个"有人格缺陷且思想贫乏的"城里人，那就随同我，走向荒野，走向乡村吧。

（二）

2016年4月23日。银川。世界读书日。早晨一醒来，阳光很好。

这注定将是一个意义非凡的一天。我破天荒地查了查黄道吉日，宜：沐浴、捕捉、畋猎、结网、取渔。好啊，今日真是适宜施展自然农法！

先是洗了个澡，做了一些准备工作：路上备用的水，干粮，检查了一下相机，以及录音笔、笔记本等。紧接着给擎天柱打电话，他在贺兰电视台等候。然后去森林公园北门口接给古鲁格其，给是个蒙古族小伙，全名太长，大家都简称他为小塔，塔是以志愿者的名义参加本次寻食计划的。原本同行的还有好几个人，但考虑到毕竟我们的工作是"严肃的""使命的"，也就没有另行通知。

铁西村就是我们田野饮食民俗考察的第一站。为什么率先选择这里？之前我也是听擎天柱强力推荐的。他说铁西村的村民几乎全部是从宁夏南部山区迁移而至的，这里的民风淳朴，民居建筑仍旧保持了西海固的原汁风味，饮食习俗亦不失古法传承。

接上擎天柱，已经是上午10点多钟。从贺兰城区出来，沿着奥莱路一直向西，到达广源路，朝北拐，行走一段距离再朝西拐，进入常南公路，经过贺兰吊庄、南梁台子、铁东，我们看到了气派的海南清真大寺，再跨过铁路，就到了铁西村。一路上，春色明媚，农田里吐纳出新绿，布谷鸟鸣叫不止，人们忙碌着春耕。

事实上南梁不止一座清真寺，还有八斗大寺、南坪大寺、铁西北大寺等。

集贸市场是一个传统而重要的社会学参照点，同时还是一个热闹欢快的区域，经常有各种家长里短的"小曲"随着每天的集市拉开帷幕。我们了解到，南梁主要有两大集市：一个是南梁集贸市场，二五八赶集，主要卖一些日常消费品，生产生活用品，水果蔬菜，以及一些副食小吃之类的，这里很少见到"明码标价"，一切所谓的集市均具备口头买卖的特点，只听到卖家的叫卖声，买家的讨还声。有一些嗓门大的人，他们的"声名"在日益扩大的范围内远播。另一个是铁东村的牛羊市场，集逢三六九，仍能见到传统的摸价交易。这种交易方式，小时候在西海固的集市上常见，移民搬迁，山里的人将这种手法带到了银川平原。说起摸价文化，牙客子是一个不得不提的重要的角色。所谓牙客，就是买卖双方的中间人，即中介。

接待我们的是村书记，看上去也就50岁上下的样子，姓穆，回族，海原人，1990年搬迁到铁西村至今有26年了，是典型的"老铁西"。如今，他的亲戚，"党家子"全部搬了过来，和众多的移民一样，以种植枸杞和玉米为主，同时还附带种有小麦、水稻、西瓜等。每家每户几乎门口养有牛羊，与西海固不同，他们的牛不是用来耕种的，而是用来卖钱的。部分农户还养殖鸡鸭鹅雁等。

铁西村还保持着农村的社会结构，仍有人家烹制柴火饭，这里没有商业饭馆，商店也很少，只有在村委大院外，发现了一家"绝味麻辣烫"的清真小馆子，门头上还标注有"凉皮、干拌麻辣烫、酸辣粉、麻辣米线、饺子"字样，可惜看上去门关着呢，估计生意不好。馆子旁边是一个菜店。

随后，穆支书派喜会计，将我们带往马燕倩家里。

（三）

虽然城里的厨师基本上全是男的，但是我觉得还是要将最美的文字送给农村那些煮妇们。因为她们无休止地献身于各种家务和创造新生命中，她们名不见经传，却一代接一代地，从事着本能的工作，在田间劳作，还要日复一日地烹制一日三餐。

我们寻找的就是这些，来自原始的烹饪的幸福，我们用镜头，通过煮妇准备饮食的过程，还原乡野菜肴的味道，重现这种"无声的传说"。

来到马燕倩家，先是看到她的男人杨平忠，喜会计把我们的意图给他做了说明，说这几个城里人要到你们家吃饭，而且还要拍摄，就让你媳妇露一手吧。杨平忠略有羞涩地说，她那歪瓜裂枣的手艺，还敢拿出手啊。说着，隔着屋子喊了一声，大概是叫他媳妇："人都来了，赶紧出来。"好长时间不见动静，杨平忠满脸歉意地说，我们农村妇女没见过世面，听说你们要拍她做饭的过程，就不敢出来，藏起来了。

喜会计跑到厨房去，硬是把马燕倩拽了出来，我们一看，眼前的马燕倩瘦瘦小小的，脸上羞涩且泛着红晕，话并不多，却句句传递着"传说"中的秘密。

马燕倩和杨平忠同岁，今年都40岁了，是铁西村2队的住户。家里有两个孩子，一男一女，大女儿15岁，小儿子13岁。夫妻俩的老家都在固原海原县九彩乡马圈村。男人1994年先搬到铁西村，1997年他们在铁西村结婚。目前家里有5亩地，主要是种枸杞，一年收入1万多元，平常就是以打零工为生。我问马燕倩，马圈村好还是铁西村好，她只笑不答，半天才憋出一句话："怎么说呢，刚来这里不习惯，现在习惯了。但在吃食上，还是没有老家方便，老家地里啥都种，一年四季有吃不完的菜，可是来到这里，出门就是钱，想吃啥，都得花钱买。"

马燕倩说也没啥准备的，中午就做个牛肉臊子面吧。说完就转身进了厨房。我们跟了进去，架好了机子。灶房里很整洁，有一张大床，一个锅灶，锅台上的瓷砖擦得很白净，一口大铝锅，显得非常"西海固"，灶火墙体的装饰也很有民族特色。一看是典型的回族家庭。

别看马燕倩很羞涩，可镜头里的她进了厨房仿佛如鱼得水，动作娴熟连贯优雅，和面、醒面、擀面、切面一气呵成，她告诉我们，臊子面的关键是要把汤做好，肉炒好。"一定要大火炒制，这样才能把血水快速收紧，否则这个肉料的味出不来，汤也会寡淡……"农村没有天然气，没有阀门也没有机关，那么马燕倩是如何控制火候的呢？本想这是一件很复杂的事，可马燕倩却笑了笑说，那还不容易么，要火小就少放点柴，火大就多放点。

马燕倩家用的这种土砖结构的锅灶，点火是有技巧的，马燕倩先是将麦草点燃，然后再放入木柴，这种具有荒野传承精神的引燃方式，让我想起了电影《荒野猎人》里，"小李子"用燧石火镰引燃细软的草，然后再点燃木头烤肉的情景。

擎天柱负责主机位，锁定马燕倩烹饪的关键环节，我负责移动机位，捕捉琐碎画面和其他一些细节。小塔在一旁做一些场务工作。恍惚间，我的脑海里闪现出比利时最著名的女导演尚塔尔·阿克曼撰文描写拍摄《让娜·迪尔曼》的片段："……整部电影都在描述一个守在家里，循规蹈矩忙于日常家事的妇女……因为该电影的时间表演得很真实，用一系列镜头和固定镜头拍摄，无论主人公的位置在哪儿，摄像机总是对准她……"为什么这么拍摄，阿克曼表示，"我想表现出女性日常生活的真正价值。我觉得看着一位妇女——也可以说是所有妇女——在3分钟内整理完床铺比她用20分钟驾驶汽车更加具有吸引力。"

通过实地拍摄，我们得出了类同于阿克曼的经验：那些原始的一连串的烹饪的动作，就该用摄影机的词语来表达，用非常精准的方式来表现那些乡愁意味的小动作。也就是说，我们尊重的就是厨房内女性群体的意愿。

一顿臊子面做下来，马燕倩话也多了起来，表达的主动性也加大了，她说面食是她家的家常饭，除了臊子面，平常还给男人娃娃们做小碎饭，这种饭是将面切成小柳叶那样的片，再用沸水烹煮而成的连锅面。

不过马燕倩自称最拿手的还是蒸碗子，城里人称碗蒸羊羔肉。

马燕倩的厨艺承袭了其母亲的手艺，十三四岁时，她就踩个小板凳爬在锅灶上为庄园里干农活的大人们做饭，现在少说也有30多年的厨龄了。喜会计说，马燕倩的羊肉在整个铁西村是出了名的，马燕倩自己却说你喜会计埋汰人呢，杨平忠只笑不答。

事实上马燕倩做羊肉饭是有一套不为人知的传统法子。她家的羊肉都是从铁东贸易市场上买来的，村里也有肉铺。买回来后，先清洗，再剁碎，放到碗里，拌上调料，我观察了一下她家的调料，也就那么几样，味精、鸡精、食盐、酱油、调料面子（花椒粉），包括葱、大蒜、生姜，她特意强调，放十三香就不好吃了。蒸之前，滴点熟胡麻油，蒸的时候用大锅，选用柴火或煤，20分钟后出锅就可以了。

马燕倩说，她母亲做的蒸碗子更好吃，因为她是向母亲学的，而母亲又是向太爷爷学来的。我有点吃惊，心想在农村，烹饪是一项母系传承的学问，为何她家的味觉系统却要追溯到太爷爷那里。原来马燕倩的太爷爷在民国年代在固原三营一带开过饭馆，这羊肉饭的手艺就这样一代代传下来了，其中爆炒羊羔肉到了母亲手里又做了一些改进。可惜现在她娘家族里已经没有人从事饭馆营生了。

马燕倩坦诚地讲，并不是一年四季天天都能吃上肉的，条件有限，只有到了回族的节日里，才可以吃到像蒸碗子这样的大餐。现在移民区已经丧失了许多传统的习俗，年轻人不喝盖碗茶了，只有上了年纪的老人保持着这种饮食习惯。现在只有冬天家里会腌点白菜，夏季随便用盐、冰糖泡制点小菜下面吃。枸杞是马燕倩家的主导主业，也是主要的经济收入来源，然而她却并不懂得枸杞在烹饪学上的应用，她说："头茬枸杞要卖钱，只有到了二三茬时，我们会给自己留点泡茶喝，偶尔熬稀饭时放几粒。毕竟是山里人嘛，从小吃土豆长大，平常也不怎么懂得用枸杞，也担心枸杞里有虫子。"

我们通过调查后还发现，铁西村的人很少有吃早点的习惯，一天下来，有时吃两顿，有时吃三顿。像老人们早晨熬罐罐茶吃馍馍的习惯也没有了，甚至连西海固最传统的"吃晌午""缓干粮"的习俗也丧失了。

没错，乡愁是存在的，也就是人们通常嘴上挂着的"念想"，可是当你真正面对面问她什么是乡愁时，对方却不知道乡愁为何物。即使如此，所有的食材在他们面前呈现出天然的状态，只是与记忆里的西海固相比，在马燕倩这代移民的身上，丧失的东西太多了，可想而知，若干年后，想想她的孩子又将是怎么样……

（四）

下午，喜会计又将我们带向另外一个"煮妇"家里。她的名字叫马凤霞。

与马燕倩相比，马凤霞家看上去条件要好一些。一条渠水从她家门口流过，一片自留地里，葱韭峥嵘，庄院前后，桃花杏花盛开，杨树成荫，柳絮纷飞。院子里养有数只羊，若干鸡鸭，还有欧洲雁……北边的房台子下码了一排蛇皮袋，里面装满了稻米籽，带壳，裹了一层泥浆，应该是拌了药的，看来是为春耕做准备。南边是一排简易的棚屋，其中一间像是饲料储藏室，还有一些农具。另外一间是敞开式的，我们刚来的时候，马凤霞就是坐在那里和她的小儿子剥花生种子的。

院子的中间有一棵苹果树，繁花似锦，然而马凤霞却说那不是苹果树，结的果子要比苹果小，应该是海棠。其实山里人称花红，小时候的圣品，记忆中的奇葩，但不能多吃。马凤霞称这棵树在她嫁过来时，就已经有了，以前她家庄院所处地是一片果树，后来改建，其他的树全挖掉了，只留下了这一棵。

"这也算是院子里的一景了。"

每年秋天花红成熟，马凤霞都要采摘下来，分成若干份，和孩子们挨家挨户送果子。

"反正一家人是吃不完的，不如送给左邻右舍。"

马凤霞是贺兰本县的自发移民，也是铁西村的原住民。8岁时随父母搬到铁西村，至今已经有30多年了。经她描述，铁西村很早以前就是个沙滩，什么都没有，后来才慢慢地不断有人迁移过来，对原生态进行了改造，树也种上了，田地也开垦了。

即使生态改造有了起色，但整体而言南梁台子还是比较荒芜，除了林场一带，其他地方树木并不多，太阳直射得厉害。

十年前，这里还有狼群出没。朗朗晴天大白日，有一次成群的饿狼龇着牙窜入羊群，连续咬死咬伤10只大羯羊！至今人们对湖滩南边的玉米地心有余悸，总觉得会有狼突然蹿出来咬人。这里离贺兰山很近，人们猜测狼是从山上下来的，也有人认为狼是跟着火车来的。我宁愿相信前一种可能。

许多人因此痛恨狼群，事实上在这片毫无遮拦的裸露的大地上，我们痛恨的应该是伪造的文明，"文明最先进的地方，鸟类最少"，1974年，在毛伊岛因淋巴癌去世的美国飞行员查尔斯·林白曾这么说过："我宁可有鸟类，也不愿有飞机。"同样的，我也宁愿希望有狼群，也不要有火车。

马凤霞自有地5亩，同时外边承包的30亩地主要以种花生、枸杞、玉米为主，副业则以收蒲黄等一些中药草为主。蒲黄是一味很好的中药，《本经逢原》里记载：蒲黄，主心腹膀胱寒热，良由血结其处，营卫不和故也。与五灵脂同用，胃气虚者，入口必吐，下咽则利。舌根胀痛，亦有属虚火旺者，误用前法（指同干姜未干掺），转伤津液，每致燥湿愈甚，不可不审……然而自从家里男人得病后，药草再也没有收。

"光那些地一个人都忙不过来，平日里还要照顾男人和孩子们"。

原来马凤霞的家境很早的时候很好，然而自从 8 年前男人诊断出患有帕金森后，日子越过越窘迫，这种病至今没有一个很好的治疗方案，只能用昂贵的进口药物来维持。马凤霞说，她现在最大的愿望就是希望女儿考上大学，把她们抚育成人，除此之外，她没有一点奢望。大女儿曾经写了一篇感人至深的作文，在贺兰县获得了大奖，由此马凤霞的家境被曝光，被全社会广泛关注，马凤霞也因贤惠守孝而获得了"最美银川人"的称号。

得知马凤霞的家境困难时，我们自觉接下来的美食拍摄有点多余，实在不忍心打扰他们，马凤霞却一再表示上门就是客，自家的家常便饭，不值得客气。

马凤霞炒了一盘韭菜土鸡蛋，一盘酸菜羊肉，还端上来了酥软的油香。

在做讲解时，她强调炒肉的时候一定用爆火，这样的话会把肉的腥味去掉，翻炒时要加粗的调料面子，以及醋和酱油等。酸菜是自己古法腌制：先放生姜和胡椒，然后每压一层白菜撒一层盐，并最终用石头压在上面。

那天我们吃到的米饭也是马凤霞自家种的，颗粒小，吃起来比较硬，口感也一般化。马凤霞表示，这是个老品种，适合任何土质，比较好种，虫害少，产量稳定。今年打算种点宁粳41号，新品种抗低温能力较强、返青快，幼苗生长繁茂，中期抗瘟抗病，籽粒饱满。

从马凤霞家里出来，喜会计说带我们去一个地方，那里景色好，你们好取景。

驱车走了大约十五分钟，我们来到了南梁北台子农场，这里有参天杨树，还有果园，园子里的桃树、梨树、桑葚、杏树等上的花朵竞相争艳，还有许多叫不出名字的植物，都纷纷扰扰地开起了花。

喜会计还带我们察看土蜂窝，并表示从西海固迁移上来的农民都喜欢在自家庄院附近养蜂，但现在着实不好养。我问为什么？他说蜜蜂对环境很敏感，离工厂近的地方不待，离人多的地方不待，农庄附近的果木庄稼打了农药，也不待，它们真是一群有洁癖的精灵。

转眼一天的时间过去了，下午六时，我们见证了铁西村的夕阳之美。鸡犬相闻，鸟儿归巢，在田间播种的拖拉机哒哒地响着，夜幕来临，柴油启动的马达声格外空旷。贺兰山遥遥在望，灿烂的余晖给巍巍的山体镶上了一层金边，传说中的睡佛安详而福足，千百年来以一种永恒的姿态护佑着山下的人畜与生灵。

乡野大美，铁西大美，慢饭大美。我们下一站再见。